仕事と暮らしを劇的にラクにする
72の最強アイデア

Notion AI ハック

Notion AI Hack

臼井拓水 著
(usutaku)

はじめに

本書を手に取っていただきありがとうございます。

私は生成AIの法人向け研修などを提供するMichikusa株式会社代表をしています。大学2年生の頃、まだ日本語版もなかったNotionをたまたまSNSで見つけ触って以来、今日まで6年間使い続けています。

最初の活用は大学の講義のまとめでした。字が汚くノートを取るのが下手な私でしたがNotionを使って授業のシラバスやPDF資料等も含めてまとめることができるようになりました。

勤勉な方ではありませんでしたが、Notionにまとめること自体が楽しく授業を更に受けたくなるほどでした。友人にノートを見せる時も、わざわざ印刷することなくワンクリックで共有できるので重宝されました。

その後就活の時期では会社ごとの分析や面接対策を、新卒入社後は毎日の反省や読書ログを付けたりするのに使ってきました。現在では会社のワークスペースから日常使いまで全部Notionです。

そして、2023年2月にNotion AIが発表されました。ChatGPTとは異なり出力結果をわざわざコピペする必要がなくNotion上でAIを使える便利さに初めて使った時に衝撃を受けました。しかし、Notion AIの魅力を100%引き出すのはなかなか難しく、かつ使い方の手順を記した動画やコンテンツも他のAIやNotion単体のものと比較して少ないです。

そこで、本書ではNotion AIのクセや苦手な部分も踏まえた上で、ひたすら使うべき事例をまとめました。人生を豊かにする最高のツールNotionの活用を、Notion AIでさらに加速させましょう。

2024年5月
臼井 拓水

本書の使い方

本書には、たくさんの活用事例が載っています。見て覚えるというより、ぜひ実際にNotion AIを動かしてみてください。そうすると、だんだん「こんな場面で使えばいいのか！」「逆にこういう作業はできないのか」というのがわかってくるはずです。

前提として、Notion AIの使用にはNotionへの登録、そして体験版終了後は課金が必要です。まだ登録がお済みでない方は本書の特典ページからもアクセスできます（本書ではNotionおよびNotion AIへの課金を推奨しています）。本書特典ページにアクセスするには、QRコードを読み取ってください。

※特典ページは予告なく終了となる場合がありますので、あらかじめご了承ください。
※図書館利用者の方は本書特典ページの利用をご遠慮ください。図書館職員の皆様には、QRコードを伏せる処理をしていただきますよう、お願い申し上げます。

準備が完了したら、本書の指示通りにNotion AIを動かしていきましょう。

基本的にはすぐに試せる事例がほとんどですが、議事録を作る際に必要な文字起こしなど、"素材"が必要な場合があります。まず簡単に試せるように、特典ページには本書で用いている活用事例を試すための素材が一通り入っています。本書タイトル横にメモマークがついているものが素材の含まれている印です。

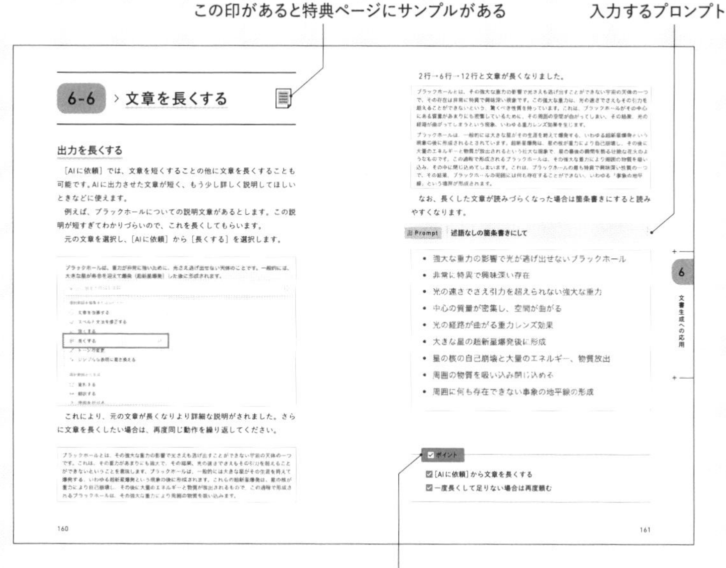

6-6 › 文章を長くする

出力を長くする

［AIに依頼］では、文章を短くすることの他に文章を長くすることも可能です。AIに出力させた文章が短く、もう少し詳しく説明してほしいときなどに使えます。

例えば、ブラックホールについての説明文章があるとします。この説明が短すぎてわかりづらいので、これを長くしてもらいます。

元の文章を選択し、［AIに依頼］から［長くする］を選択します。

これにより、元の文章が長くなりより詳細な説明がされました。さらに文章を長くしたい場合は、再度同じ動作を繰り返してください。

160

2行→6行→12行と文章が長くなりました。

なお、長くした文章が読みづらくなった場合は箇条書きにすると読みやすくなります。

Prompt 述語なしの箇条書きにして

- 強大な重力の影響で光が逃げ出せないブラックホール
- 非常に特異で興味深い存在
- 光の速さでさえ引力を超えられない強大な重力
- 中心の質量が密集し、空間が曲がる
- 光の経路が曲がる重力レンズ効果
- 大きな星の超新星爆発後に形成
- 星の核の自己崩壊と大量のエネルギー、物質放出
- 周囲の物質を吸い込み閉じ込める
- 周囲に何も存在できない事象の地平線の形成

ポイント
- ［AIに依頼］から文章を長くする
- 一度長くして足りない場合は再度頼む

161

CONTENTS

> Chapter 3

> Chapter 4

本書内容に関するお問い合わせについて

このたびは翔泳社の書籍をお買い上げいただき、誠にありがとうございます。弊社では、読者の皆様からのお問い合わせに適切に対応させていただくため、以下のガイドラインへのご協力をお願い致しております。下記項目をお読みいただき、手順に従ってお問い合わせください。

●ご質問される前に

弊社Webサイトの「正誤表」をご参照ください。これまでに判明した正誤や追加情報を掲載しています。

正誤表
https://www.shoeisha.co.jp/book/errata/

●ご質問方法

弊社Webサイトの「書籍に関するお問い合わせ」をご利用ください。

書籍に関するお問い合わせ
https://www.shoeisha.co.jp/book/qa/

インターネットをご利用でない場合は、FAXまたは郵便にて、下記"翔泳社 愛読者サービスセンター"までお問い合わせください。電話でのご質問は、お受けしておりません。

●回答について

回答は、ご質問いただいた手段によってご返事申し上げます。ご質問の内容によっては、回答に数日ないしはそれ以上の期間を要する場合があります。

●ご質問に際してのご注意

本書の対象を超えるもの、記述個所を特定されないもの、また読者固有の環境に起因するご質問等にはお答えできませんので、予めご了承ください。

●郵便物送付先およびFAX番号

送付先住所　〒160-0006　東京都新宿区舟町5
FAX番号　03-5362-3818
宛先　（株）翔泳社 愛読者サービスセンター

※本書に記載されたURL等は予告なく変更される場合があります。
※本書の出版にあたっては正確な記述につとめましたが、著者や出版社などのいずれも、本書の内容に対してなんらかの保証をするものではなく、内容やサンプルに基づくいかなる運用結果に関してもいっさいの責任を負いません。
※本書に掲載されている画面イメージなどは、特定の設定に基づいた環境にて再現される一例です。
※本書に記載されている会社名、製品名はそれぞれ各社の商標および登録商標です。

>Chapter

1

Notionとは

1-1 Notionについて知る

近年流行りのツール

Notionは、San Francisco発の効果的な情報管理とチームのコラボレーションを強化する万能SaaS（Software as a Service）ツールとして、近年大注目されています。ノート取り、タスクの管理、データベースの作成、カレンダーの活用、ドキュメントの共有など、多岐にわたる機能をひとつの場所で提供している優れものです。

簡単に、何でもできる

大きな特徴として、ユーザーはドラッグ&ドロップの直感的なインターフェースを通じて、情報を自由に配置・編集することができます。これにより、初心者でも簡単に使い始めることが可能で、上級者にも十分なカスタマイズ性を提供します。加えて、Notionはチームのコラボレーションを重視しており、リアルタイムでの共同編集やコメント機能、アクセス権の設定など、グループワークに欠かせない機能が充実しています。

外部ツールとの連携も豊富

また、テンプレートの利用や外部ツールとの統合も可能で、個人や企業のニーズに合わせて、より効率的な情報管理や業務フローの構築が期待されます。Notionは個人の知識管理からビジネスの運営、プロジェクト管理まで、何でもできるとして今最もアツいツールのひとつです。まだ使われていない方は、ぜひすぐにでも登録してみてください。

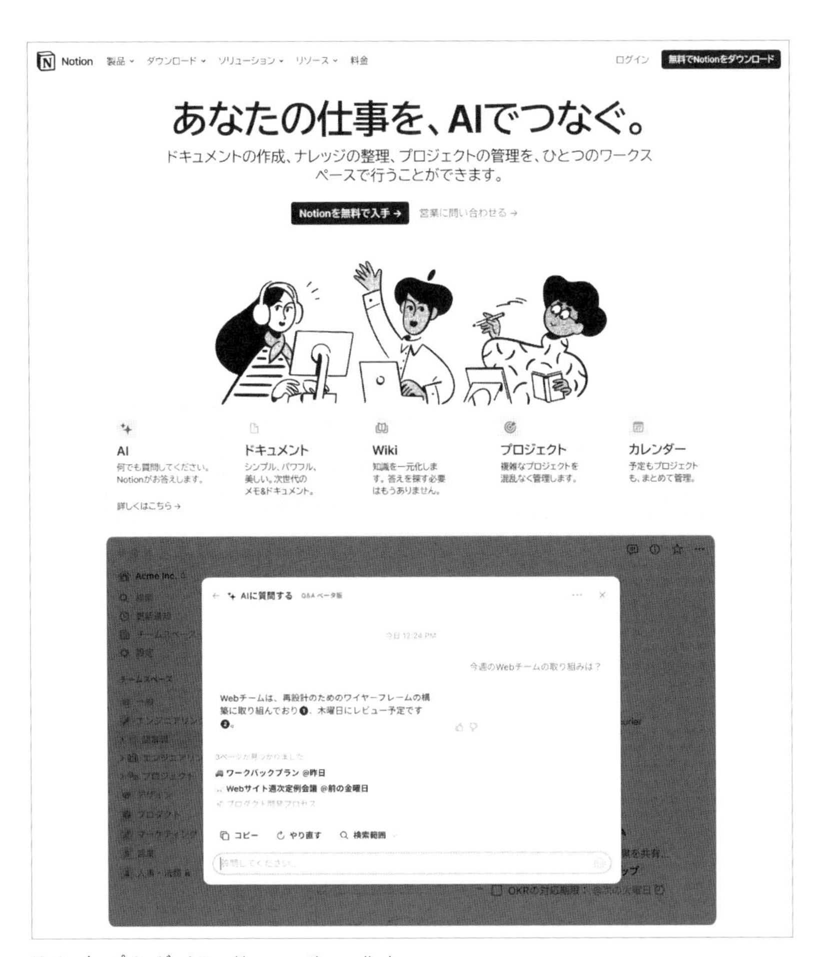

Notionトップページ　https://www.notion.so/ja-jp

ポイント

- Notionは近年大流行中の「何でもできる」ツール
- 直感的な利用方法で、誰でも簡単に使える
- 外部ツールとの連携も多数

1-2 ＞ 構造を知る

レゴブロックのように扱う

Notionを一言でたとえるとレゴブロックです。作りたいコンセプトを決めて母艦となるページを一枚作ったら好きなところに好きなものを置いていくことができます。行として下にいろいろなパーツを配置していくことはもちろん、縦に列を作って2列や3列のページを作ることも可能です。

授業ノートをNotionで

例えば、授業をNotionで取ることを想像してみてください。

最初のページに、授業のタイトルをつけます。その中に、授業の時間割や、ビデオ講義のURL、試験の日程、シラバスや授業ノートを配置することができます。そして、授業ノートをその中にとっていきます。日付ごとの授業ページを作って、授業を書き留めていきます。先生が過去の授業のことに言及していたら、その日の授業に過去の授業のリンクを貼ることもできます。

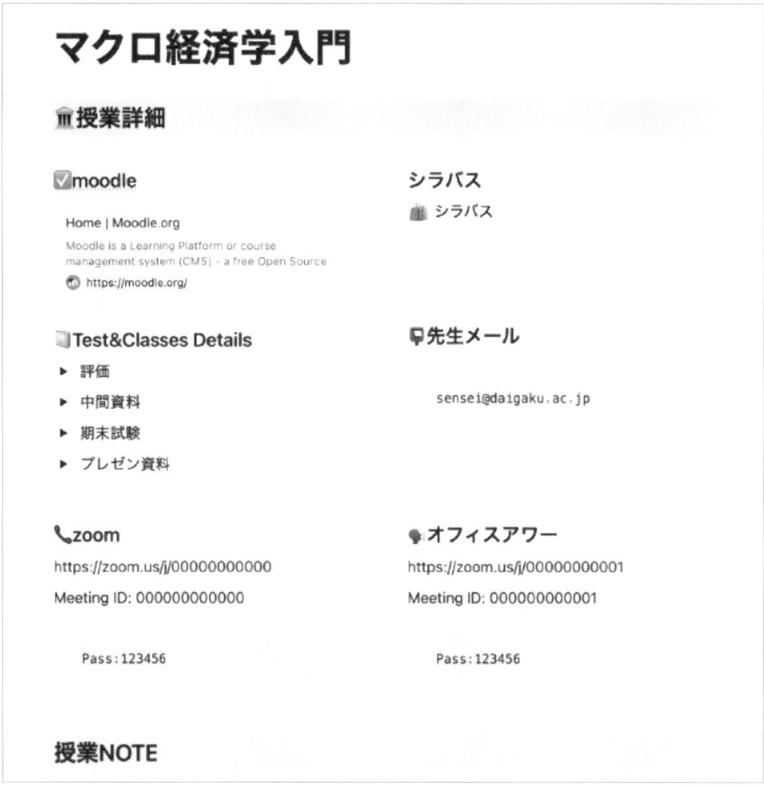

マクロ経済学入門

授業詳細

moodle

Home | Moodle.org

Moodle is a Learning Platform or course management system (CMS) - a free Open Source

https://moodle.org/

シラバス

シラバス

Test&Classes Details

- 評価
- 中間資料
- 期末試験
- プレゼン資料

先生メール

sensei@daigaku.ac.jp

zoom

https://zoom.us/j/00000000000

Meeting ID: 00000000000

Pass:123456

オフィスアワー

https://zoom.us/j/00000000001

Meeting ID: 00000000001

Pass:123456

授業NOTE

ポイント

- ☑ Notionの利用はレゴブロックのようにする
- ☑ ブロックは列としても配置できる
- ☑ 授業ノートはNotionデビューの良い使用例となる

1-3 ＞料金プランについて知る

まずは無料プランから

Notionには4つの料金プランがあります。フリー、プラス、ビジネス、エンタープライズです。まずNotionを始めてみたい、という方はフリープランで始めてみてください。基本的なNotionの機能を大体使うことができるので、しばらくこれでいろいろ試してみるのがいいでしょう。そのあと、「Notionは便利、本格的に使いたい」という方にはプラスプランを推奨します。フリープランとの大きな違いは、ファイルの容量無制限アップロードと、チームでのコラボレーションです。ファイルに関しては、無料版のNotionだと5MBまでしかアップロードができないため、容量の大きいものだけ別で管理しなくてはなりません。Notionの良さは全てを一括で管理するところにあるのでぜひ課金版を推奨します。

組織での利用はビジネス、エンタープライズを推奨

個人だけではなく、組織としてNotionを利用していく場合は、ビジネスかエンタープライズプランへの課金を推奨します。月$15のビジネスプランでは、プラス版の全機能に加えて、プライベートスペースの作成などが可能で、これにより、情報の公開範囲を絞ることが可能です。また、エンタープライズプランに課金すれば、組織内のNotion利用者の全てのログを監視可能なので、セキュリティ対策につながります。また、過去の編集履歴をどこまででもさかのぼって確認することができ、誰かが誤ってページを削除したとしても安心です。最後に、エンタープライズプランのみNotionのカスタマーサクセスマネージャーが担当としてつくので、自社のNotionの利用をサポートしてくれます。

自分のNotionの使用シチュエーションに応じて、最適なプランを選択してみてください。

フリー	プラス	ビジネス	エンタープライズ
日々のあらゆる情報の整理整頓に	小規模グループでの計画や情報整理に	Notionを利用して複数のチームとツールをつなげたい企業向け	会社全体の運営に適した高度な管理機能とサポート
$0 個人はブロック無制限、チームはブロック制限のある体験版を利用可能	$8/ユーザー/月 （毎年請求） $10（毎月請求）	$15/ユーザー/月 （毎年請求） $18（毎月請求）	$25 （毎月請求） 詳しくは営業に問い合わせ
✓同時編集が可能 ✓Slack、GitHubなどとの連携 ✓ベーシックなページアナリティクス ✓7日間のページ履歴 ✓10名のゲストを招待可能	フリープランの全機能に加え、 ✓チームで使える無制限のブロック ✓無制限のファイルアップロード ✓30日間のページ履歴 ✓100名のゲストを招待可能	プラスプランの全機能に加え、 ✓SAML SSO ✓プライベートチームスペース ✓PDFの一括エクスポート ✓高度なページアナリティクス ✓90日間のページ履歴 ✓250名のゲストを招待可能	ビジネスプランの全機能に加え、 ✓ユーザープロビジョニング（SCIM） ✓高度なセキュリティ設定 ✓監査ログ ✓カスタマーサクセスマネージャー ✓ワークスペースアナリティクス ✓無制限のページ履歴 ✓セキュリティとコンプライアンスに関するインテグレーション ✓250名のゲストを招待可能

※2024年5月現在

✓ ポイント

- ✓ Notion初心者はまず無料版からスタート
- ✓ 本格的に使用するようになったらプラスプランへ
- ✓ 組織として利用する場合はビジネス・エンタープライズプランへ

1-4 基本操作について知る

ブロックの種類について

Notionにはさまざまな種類のブロックが存在します。それらを組み合わせて自分だけのページを作成します。よく使うブロックを一覧で紹介します。

- テキスト（最も基本。ただの文字を入力）
- ページ（ページ内に入れ子構造でさらなるページを作成）
- ToDoリスト（チェックボックス）
- 見出し1～3（さまざまなサイズのテキスト）
- テーブル（シンプルな表）
- 番号つきリスト（数字の箇条書き）
- トグルリスト（クリックするとコンテンツが表示される）
- 引用（文章を引用風のエフェクトに）
- コールアウト（文章を四角で囲み目立たせる）

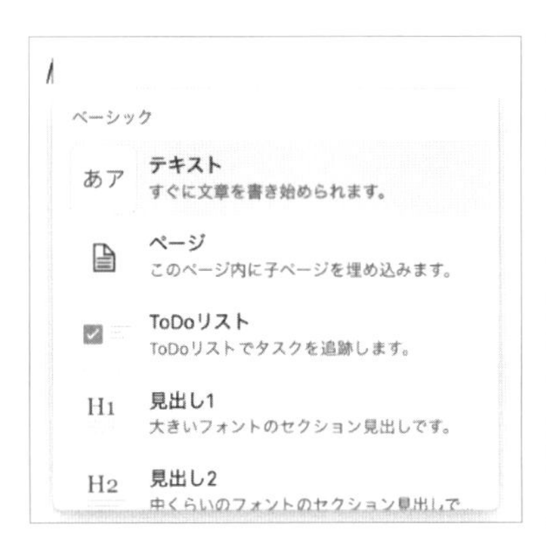

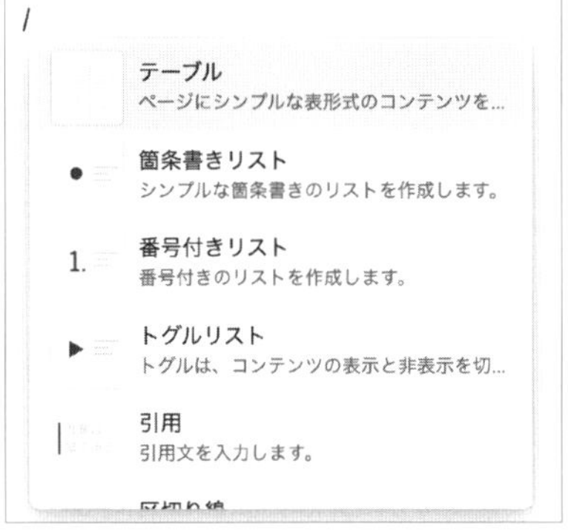

操作方法について

これらのブロックを呼び出す方法は大きく分けて3種類あります。

1. [/] で呼び出す

スラッシュキーを入力することで、ブロックを一覧から選択できます。

2. [⁝⁝] ブロックを選択する

既にあるブロックを変更する場合は、テキストの左側にある6つの点の記号を選択します。

3. マークダウン記法で記載する

Notionはマークダウン記法という形式に対応しています。文章の初めに特定の記号をつけることで、ブロックタイプを指定可能です。詳しい詳細は割愛しますが、一例を紹介します。

[#] → 見出し1
[##] → 見出し2
[>] → トグル
[+] → 箇条書き

ポイント

- ☑ Notionにはさまざまなブロックが存在
- ☑ ブロックの種類の選択は、マークダウン記法を覚えると便利

1-5 › ホーム画面を作る

散らかさずにNotionを作る

Notionを使いこなすためのコツとして、まずはホーム画面を作ることをおすすめします。ここでのホームページとは、自分がよく使うNotionのページがすべて置かれており、「これさえ見ておけば大丈夫！」というページのことです。

Notionはやれることがあまりに多いため、何も考えずにあれこれページを作っていくと確実にワークスペースが散らかってしまいます。

そこで、ひとつのページの下に整理してページを作っていくことで散らからずに済みます。Notionはあくまで、自分の知識の整理やタスク管理などの手段です。Notionを整理している時間ばかりが増えてしまっても意味がありません。

筆者のホーム画面はこんな感じです。左側によく使うページがあり、メインではToDoリストです。その下には毎日の日記があります。

いろんな人のホーム画面を参考にする

最初のうちは特に悩まずに自分の作りたいページをただ置いておけば大丈夫です。慣れてきたら、毎日見たくなるようなホーム画面を作り込んでみましょう。そのときには、ぜひNotionのベテランユーザーが作っているホーム画面が参考にしてください。X（旧Twitter）で「Notion ホーム画面」で検索すると、たくさんのホーム画面が出てくるのでおすすめです。

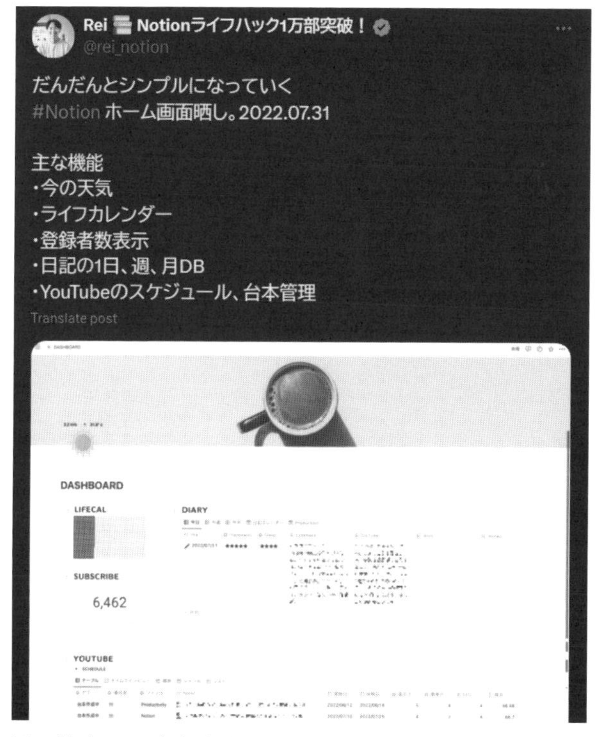

https://twitter.com/rei_wkndcreator/status/1553573189711990784?s=20

ポイント

- ☑ Notion自体を整理する時間は最小限に抑える
- ☑ ホーム画面を作ると見栄えが良くなり整理の必要がなくなる
- ☑ 他の人のNotion使用事例は常に参考にする

1-6 › メモ帳を作る

思いついたことを書き留める

最もシンプルなNotionの使い方として、まずはメモ帳を作ってみます。

先ほど作ったホーム画面の中でページブロックを呼び出してメモ用のページを作りましょう。まずは最もシンプルなメモ帳として、タイトルと箇条書きだけで構いません。

気軽に使う

最初からすべてを完璧に理解しようとする必要はありません。むしろ、気軽に使い始めてみることが重要です。慣れ親しむことで、自然と使い方が身につきます。まずは、Notionを好きになることを目指しましょう。ページをきれいに作り込むことは、それからでも遅くはありません。

メモ帳

夕飯用に買うもの

- カレールー
- たまねぎ
- じゃがいも
- にんじん
- 豚肉

Press 'space' for AI, '/' for commands...

Notionは柔軟性に富んだツールであり、最初はその機能のすべてを把握することは困難かもしれません。しかし、心配は無用です。最初は簡単なメモを取ることから始めてみてください。タスクリストやプロジェクト管理、日記の記録など、少しずつ使い方を広げていくことができます。

ポイント

- ☑ シンプルなメモ帳でNotionを試す
- ☑ 完璧に拘らず、まずはNotionを好きになる

1-7 ToDoリストを作る

チェックボックスを使う

その日やることを書き出すのは非常に重要です。「次は何をしようか」と悩んでいる時間はもったいないからです。

ということで、Notionを使ってまずは頭の中に浮かんでいるやらなければいけないもののリストを全部書き出してみましょう。終わったらクリックをしてチェックボックスを潰していきます。

ToDoリスト

- [ ] メールチェック
- [ ] 今日のミーティングの準備
- [ ] 営業報告書の作成
- [ ] 新入社員のトレーニング
- [ ] 顧客とのミーティング
- [ ] プロジェクトの進行状況のレビュー
- [ ] 明日のスケジュールの確認
- [ ] 営業の進行状況の報告
- [ ] 事業計画書の修正
- [ ] 月末報告書の作成

一言コメントをつける

ToDoリストを作る際におすすめなのが、タスクにそれぞれコメントをつけておくことです。というのも、やると決めたタスクをすべて時間通り完璧にこなせる人はほとんどいないはずです。そこで、「これだけは絶対に終わらせる！」「最初の１ページでもいいから書いておく」「これはもし時間があれば進め方だけでも考える」など、自分の心の声をタスクにつけておきましょう。これだけで、驚くほど生産性が高まるので騙されたと思ってやってみてください。

ToDoリスト

- [ ] メールチェック
  - 朝一に10分で終わらせる。返信に時間がかかる場合は一旦飛ばす
- [ ] 今日のミーティングの準備
  - 議事録のフォーマットを作っておけば問題なし
- [ ] 営業報告書の作成
  - 昨日のうちに作った下書きを型に入れるだけだからサクッと終わらせる
- [ ] 新入社員のトレーニング
  - 15分だけ時間をもらって直接PCを見せた方が早そう？

なお、筆者のおすすめは必ず夜に翌日のタスクを全て書き出しておくことです。朝は1日で最も脳がスッキリしています。その時に「何のタスクをやろうかな」と考えるのは非常にもったいないです。

起きた瞬間すぐにNotionを開き、書かれてる言葉の通りに仕事を進めると効率が良いです。

ポイント

- 頭の中の情報をすべてチェックボックスにして書き出す
- ToDoリストにはコメントをつけておく

1-8 ＞ Wikiを作る

社内Wikiを作る

Notionを導入している企業で最もよく使われる事例のひとつが社内Wikiです。簡単にアクセス・編集ができるという条件がWikiには必要で、それをNotionが満たしているからです。

多くの会社において、Wikiを作る専門部署などは存在せず、部署内の一部の限られた人がボランティアでやることがほとんどです。Notionのような誰でも触れる媒体でWikiを書く文化が根づくことで、社内の共有知が増えていきます。

スクリーンショットを貼る

Wikiには、文章以外にもスクリーンショットを貼ることができるので、実際の操作画面をペタペタと貼っていくとよりわかりやすくなります。

なお、少し難易度は高くなりますが、操作している様子を録画してGif動画にして貼りつけることもできるので複雑な操作にはおすすめです。

☑ ポイント

- ☑ 社内WikiはNotionで作る文化を根づかせる
- ☑ スクリーンショットやGIFを用いて視覚的にわかりやすいWikiを作る

1-9 > データベースを作る

構造を理解する

Notionで最も重要な機能のひとつがデータベースです。タスクや顧客リスト、読んだ本など情報を保存し、タグや日付などで管理することができます。

データベースを使いこなすことがNotion習得の第一歩と言えるほど重要な要素です。

［/］でデータベースを呼び出すことから始めましょう。まずは、もととなるデータを入力します。タスク管理ならタスク、読書リストなら本、などメインのデータを一番左に入れます。

プロパティを理解する

データを入れたら「プロパティ」を、列にある［+］から追加します。プロパティとはデータを分類するための要素のことで、さまざまな形式があります。

テキスト	何でも入れられる代わりに、分類がしづらい
数値	数字を入れられ、合計の計算などが可能
セレクト	データにタグづけが可能
マルチセレクト	データに複数のタグづけが可能
ステータス	タスクの進捗状況などを整理
日付	開始日、終了日を設定
ユーザー	データに人をアサイン
ファイル&メディア	書類や画像などを添付
URL、メール	その名の通り
関数	Excel のような関数を実行

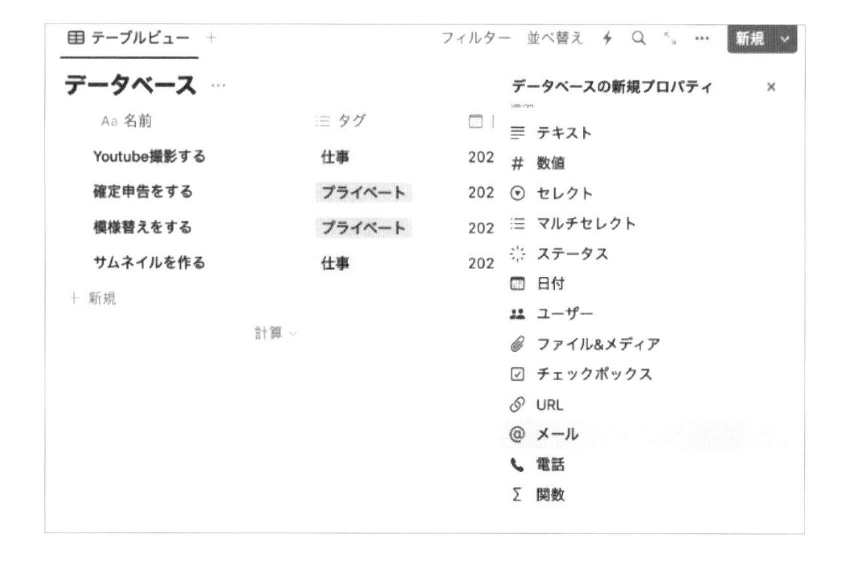

これらを組み合わせて、自分好みにデータをカスタマイズして、オリジナルデータベースを作りましょう。

☑ ポイント

- ☑ データベースを使いこなすことがNotion会得の第一歩となる
- ☑ プロパティを使いこなす

1-10 ＞ 日記を書く

データベースを実践するため、まずは日記を作ってみましょう。

データベースを呼び出し、「DB_Diary」と名前をつけてみましょう。この際、「DB」とつけるのがポイントです。Notionのデータベースは、Googleの拡張機能やSlackなど、さまざまなツールと連携可能です。その際、簡単に検索できるようにしておくために印として「DB」と名前を入れる習慣をつけておきましょう。

まず、メインのデータを入れていきます。一番左の列にタイトルをつけてクリックし、本文を書きましょう。もちろん中身はどんな形式でも構いません。筆者は、うれしかったこと、新しい気づき、明日の意気込みの3つを記載するのがお気に入りです。

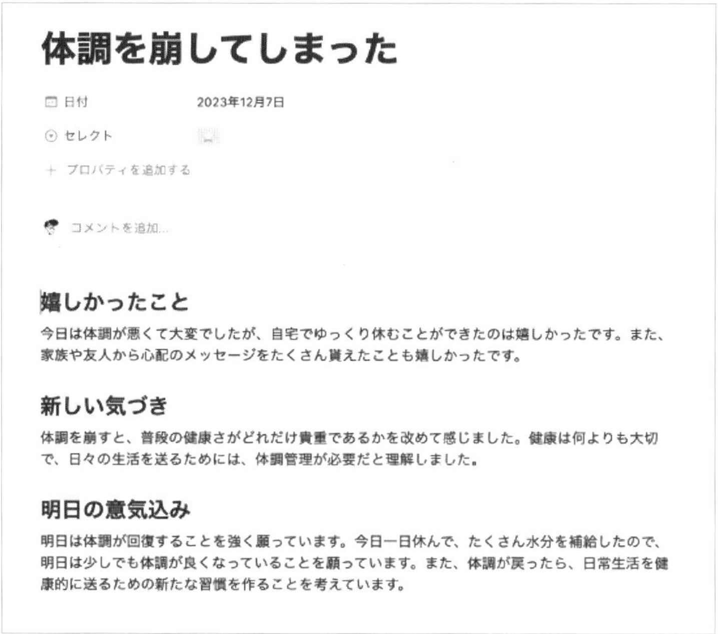

体調を崩してしまった

日付　2023年12月7日
セレクト
＋ プロパティを追加する
コメントを追加...

嬉しかったこと
今日は体調が悪くて大変でしたが、自宅でゆっくり休むことができたのは嬉しかったです。また、家族や友人から心配のメッセージをたくさん貰えたことも嬉しかったです。

新しい気づき
体調を崩すと、普段の健康さがどれだけ貴重であるかを改めて感じました。健康は何よりも大切で、日々の生活を送るためには、体調管理が必要だと理解しました。

明日の意気込み
明日は体調が回復することを強く願っています。今日一日休んで、たくさん水分を補給したので、明日は少しでも体調が良くなっていることを願っています。また、体調が戻ったら、日常生活を健康的に送るための新たな習慣を作ることを考えています。

プロパティでタグづけする

本文を記入したら、プロパティを追加してみましょう。ここでは、「日付」「セレクト」の2つを追加します。「日付」には、日記を書いた日、セレクトにはその日の気分などを入れましょう。セレクトの場合は自分でタグを作る必要があります。ここでは、☆、☆☆、☆☆☆の3つを追加しました。

この他にも、

・ジムや早起きができた日にチェックボックスをつける

・ユーザーごとに分けて、交換日記にする

・その日やったことを全部マルチセレクトで入れる

などさまざまな使い方ができます。

なお、Notionはもちろんモバイルアプリもあるので、ちょっとした隙間時間にも書くことが可能です。今まで日記を書くのを何度も失敗したことがある方も、Notionなら楽しく気軽に続けることができるかもしれません。

☑ ポイント

- ☑ データベースを日記で活用する
- ☑ 日記にプロパティをつける
- ☑ モバイルアプリをダウンロードしていつでもNotionを使えるようにする

1-11 › 議事録を書く

同じ場所に議事録を残す

仕事をする上で必ず使う議事録です。しかし、毎回違う人が作成し、適当にチャットツールなどで配信していると、昔の議事録がどこにあるのかがわからなくなります。

情報を蓄積するという点で、Notionのデータベースは議事録を作るのに非常に向いています。

まずは、日記と同様に、プロパティなどを設定していきましょう。

テンプレート機能を使う

Notionのデータベースにはテンプレート機能というものがあります。これは、ワンクリックで毎回決められたページを生成することができる機能です。

データベース右上の［新規］から［新規テンプレート］を選択します。

2024XXXX

タグ 未入力

概要 未入力

＋ プロパティを追加する

コメントを追加...

出席者

欠席者

議題

テンプレートには、議事録のフォーマットをそのまま入力しましょう。そのあと、[新規］の右側のボタンより自分の作成したテンプレートを使えるようになります。

ポイント

- 議事録をひとつの場所に溜めていく仕組みを作る
- テンプレートを用いて会議の形式を固定する

1-12 ＞ Excelのように使う

売り上げを合計する

Notionでは、簡単な計算をデータベース上で行うことができます。

なお、列が何十行もある場合や複雑な関数を用いる場合は、無理してNotionで行うのではなくExcelやGoogle Spread Sheetを使うことを推奨します。

まずは、簡単な売り上げを計算してみます。プロパティで［数値］を選択し、適当な値を入れます。この際、作ったプロパティを右クリックして編集することで「￥」の表記を入れることもできます。

計算を行う

データベースの最下部の［計算］をクリックすると、計算の方法を選択することができます。ここでは売り上げの合計を出すために［合計］を選択します。

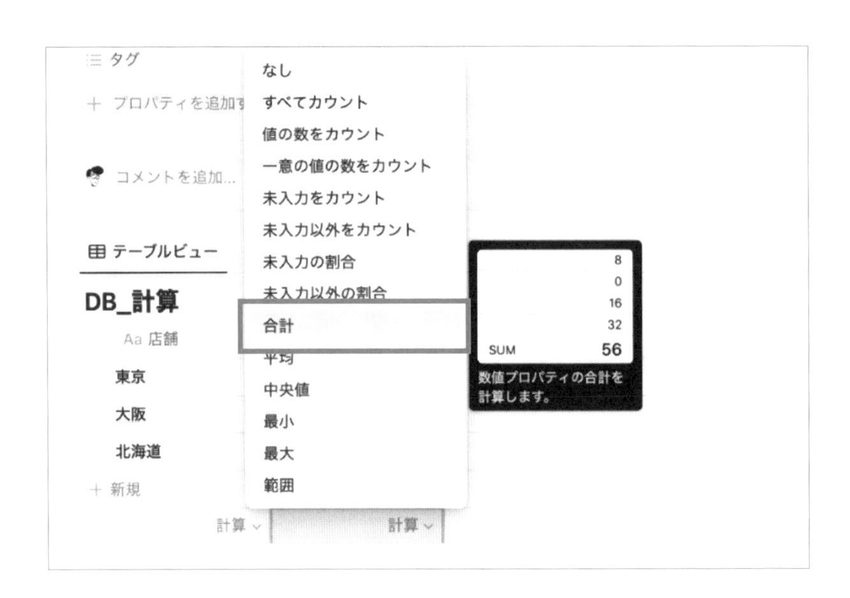

店舗数と、売り上げの合計を算出できます。

ポイント

- ☑ Notionではデータベースの値を簡単に計算できる
- ☑ 複雑な計算や列の多い場合は無理にNotionを使わないようにする

1-13 › タスク管理をする

優先度ごとに管理する

Notionを使用してデータベースでToDoを管理すると、タスクをカテゴリー別に分けたり、進行状況によって色分けしたりすることで、一目で全体像がわかるようになります。添付のスクリーンショットでは、タスクを優先度と日付で分類をしています。

また、Notionのデータベースは共有が容易で、チームメンバーとのタスクの共有や、進行状況の追跡が簡単です。また、コメント機能を使ってタスクに関するディスカッションをすることも可能です。

ブルビュー ＋　　フィルター　並べ替え　⚡　…　新

oDoリスト …

前	優先度	日付
を書く	P1	2023年12月11日
を返信する	P2	2023年12月21日
に行く	P2	2024年1月17日
を出す	P3	2024年1月31日

リマインダーと通知

Notionデータベースの各項目にリマインダーを設定することで、重要なタスクの期限を忘れることがありません。また、タスクの更新情報を通知で受け取ることも可能です。

また、Notionのデータベースにはいろいろな形式があります。

先ほどまで紹介してきた機能はすべて「テーブルビュー」形式でしたが、これをデータベース左上の［テーブルビュー］から切り替えて［ボードビュー］を選択することで、自分で直感的にタスクの状況を変えることができます。

ポイント

- Notionではタスクの状況や締め切りなどを細かく設定したToDoリストが作れる
- リマインダー機能も設定できる
- データベースのビュー形式は好みのものを選ぶ

1-14 > 記事を保存する

Save to Notionを使う

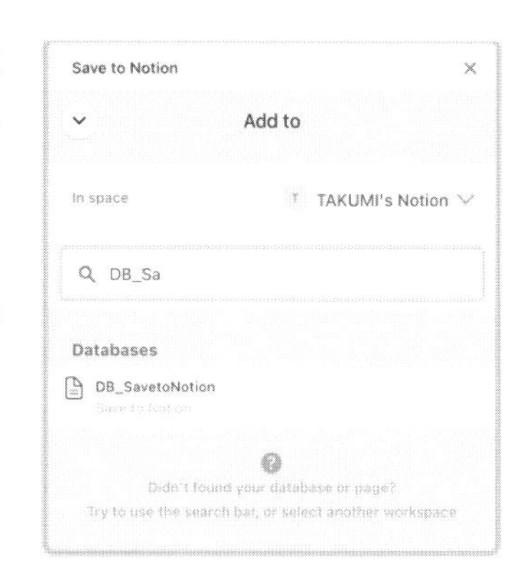

Web版のNotionには、さまざまな拡張機能がありますが、ここでは「Save to Notion」というものを紹介します。これは、ワンクリックでWebの記事をNotion上に保存するようにする拡張機能です。

使い方は、「Save to Notion」で検索し、拡張機能をダウンロードします。そのあと自分のNotionアカウントにログインした上で、保存先のデータベースを選択します。

この際注意すべきなのは、保存先はデータベース限定だということです。普通のNotionページは保存対象にできません。

記事を保存してみる

拡張機能をダウンロードし設定が完了したら、自分が保存したいサイトへ飛びます。あとは［Save Page］を押すだけで、Notionにそのサイトがそのまま保存されます。なお、保存までには少し時間がかかり、その間にNotionページを開くとうまくいかない場合があるので時間を空けてから確認しましょう。

なお、［Save Page］する際に、必ず［Content］が［Empty］ではなく［Webpage］になっていることを確認してください。

うまくいっていると、Notionにページが画像とともに保存されます。

✓ ポイント

- ✓ Save to Notionを用いて記事を保存する
- ✓ Notionに情報を溜めていく習慣をつける

1-15 › 授業ノートを作る

勉強した内容をNotionにまとめる

Notionは最近学生の間でも使われ始めています。それもそのはずで、Notionの自由な形式は授業をまとめるのには最適です。

筆者がNotionに出会ったのも大学2年生のときで、当時はノート取りにはEvernoteを使っていました。そこからNotionに移行をして、そのあとは卒業までの全授業をNotionで取り続けました。Notionでノートを取り始める以前は、正直授業内容はその場その場では覚えても、数ヶ月後、数年後まで定着することはありませんでした。ですが、Notionと出会ってからは授業を聞くことが楽しくなり、またそこで取ったノートもいつでもアクセスすることができるため何度も読み返して定着しています。

授業NOTE

Default view　フィルター　並べ替え　新規

Name	備考
12/8	イントロダクション、ジェンダーセクシュアリティとは何か
12/10	フェミニズム
12/13	人類学とは何か
12/15	GSSとANTの関係性
12/17	性役割分業
12/20	結婚
12/22	政治制度
1/7	ミードの「女らしさ」「男らしさ」の文化的構築
1/14	女性学と人類学
1/17	女性学と人類学　自然vs文化

情報をまとめる

Notionで、大学の授業や資格試験用のページを作るときには、よく使うサイトのまとめと、毎日の学習を管理するデータベースの２種類のセクションを作りましょう。

まとめのほうには、

・ホームページ

・テストの内容/日付

・学習教材

などを入れていきます。ここは学習を開始する際にまとめて作りましょう。そのあと普段の学習内容は、データベースに好きな形式で毎日更新をしていきます。日々の頑張りがどんどん積み重なっていくので楽しいです。

ポイント

- ☑ 授業や資格試験の学習にNotionを使う
- ☑ Notionで取ったノートは長期のスパンで見返すため定着する

Chapter

2

Notion AIとは

2-1 › Notion AIについて知る

基本的な概要

Notion AIは、Notionが提供しているAIです。最大の特徴は、Notion上で動くということです。今最も有名なAI、ChatGPTはそこで生成した文字などを、自分が使う媒体にコピーする必要がありますが、Notionではその必要がありません。普段使っているNotion上で、そのままAIが生成した成果物を利用可能です。

基本的な利用方法はChatGPTなどと同じく、「新規事業のアイデアを10個出して」「バーベキューに必要なものを教えて」などと伝えることでAIが文章を作ってくれます。詳しい使い方は後述しますが、普段Notionを使っている方なら一瞬で使いこなすことができるほど簡単です。

「Notion AIについて」

https://www.notion.so/ja-jp/blog/introducing-notion-ai

Notion AIの裏側

Notion AIはChatGPTと同じ大規模言語（LLM）モデルであるGPTを採用しています。本書では技術的な説明は割愛しますが、LLMとはいわば「脳」と呼ばれる部分です。なお、公式の説明は下記の通りです。

「現在Notionは、Anthropic、OpenAIが提供する大規模言語モデル（LLM）と、Cohereが提供するNotionホストモデルを使用しています。Cohereは、ユーザーデータを保存しません。Notionは、Notion AIユーザーに最高品質の体験を提供するために、LLMプロバイダーとそのモデルを継続的に評価しています。

出典：https://www.notion.so/ja-jp/help/notion-ai-security-practices

つまり、Notion AIは常に最善になり続けるということです。

OpenAIが、ChatGPTをGPT3.5で公開したあとにGPT4を公開して衝撃が走り、最近ではAnthropicのClaude 3 Opusが話題になりました。他にもGoogleのGeminiやMetaのLlamaなどビッグテックによる言語モデルの開発争いは熾烈を極めています。

Notionは、独自の言語モデルを開発するのではなく、凄い速さで進化するAIの中から最適なものを選び続けます。ですので、本書執筆時点ではできないと定義したことも、すぐにできるようになっていくでしょう。ユーザーがNotion AIに対して指示した文章(プロンプト)を裏側で大規模言語モデルが読み取り、Notion上に結果を出力します。

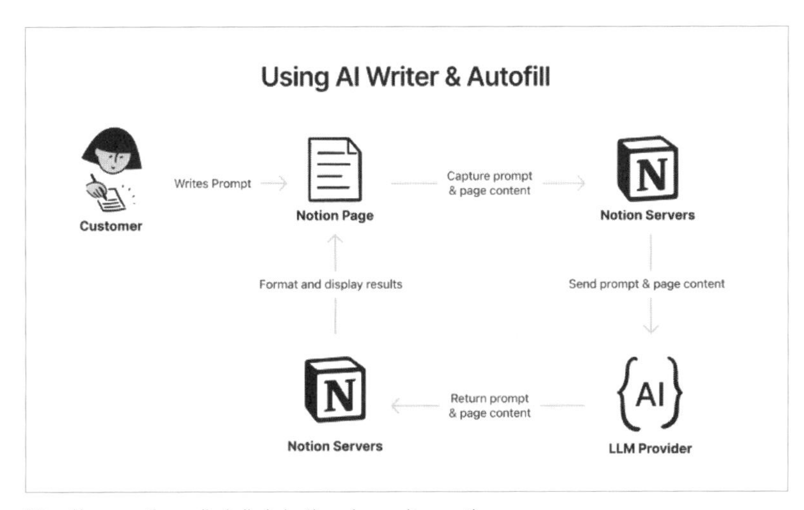

https://www.notion.so/ja-jp/help/notion-ai-security-practices

上記の図が示すように、ユーザーが書いたプロンプトと、ページのコンテンツをNotionサーバーが言語モデルに送ります。その後、それが再度Notionサーバーに送られ、ページに反映されるのです。この仕組みは、Notion AIを触る上で重要なので軽く理解しておきましょう。特に、プロンプトとして指定したものだけではなく、ページの情報も常にAIの出力に影響があるということを忘れずに操作しましょう。

☑ ポイント

- ☑ Notion AIとは、Notion上で指示をして動かせるAI
- ☑ 裏側はChatGPTと同じ仕組み、LLMを採用している

2-2 Notion AIの魅力について知る

Notion上で動く

Notion AIの最大の魅力は、Notion上で動くということ。前節でも触れましたが、普段使っているプラットフォーム上でAIを動かせるということは本当に便利です。これは、使ってみるとすぐに実感できると思います。

ChatGPTをはじめとしたAIツールは便利ですが、必ずそのサイトに移動して、文章を入力し、出力を待ち、結果をどこかにコピー&ペーストする必要があります。

文体を少しだけ変えたり、誤字を一瞬でチェックしたり、1単語だけ翻訳したりしたい際には、少し面倒です。ですが、Notion AIでは今自分が直したい&書きたい文章をNotion上で書いていた場合、そのままAIを利用することができます。

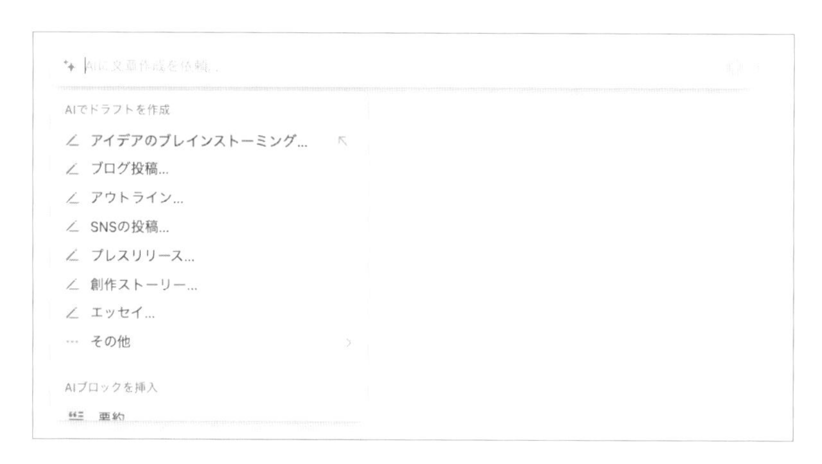

動作が速い

Notion AIはとにかく動作が他のAIと比べると速いです。

ページの文字数が増えてもサクサク動くため、長文の文章を「すべて英語に直して」といった指示も、難なくこなすことができます。既に述べたように、Notion AIのメリットは、Notion上で動かせることによる楽さです。コピー＆ペーストもする必要なく動作が速いので、日常にAIが馴染んでいるのを実感できます。

形式を指定できる

Notion上で動くため、出力形式もNotionに合わせることができます。例えば、「箇条書きで」「H3で」「表形式で」などと伝えることで、その形式でNotion上に出力してくれます。

Prompt　箇条書きに直して

りんご　みかん　かき

- りんご
- みかん
- かき

☑ ポイント

- ☑ Notion AIの最大の魅力はNotion上で動くこと
- ☑ 動作が速くて快適に操作できる
- ☑ 箇条書きや表のような形式を指定して出力できる

2-3 セキュリティ対策について知る

Notionのセキュリティ対策は万全

AIを使う上で企業が最も気にしなければならないのがセキュリティです。例えば無料版のChatGPTの場合、ユーザーが入力したデータはモデルの学習に使われてしまうため、機密情報を入力することは避けたほうがいいでしょう。

Notionの場合、入力したデータは学習に一切保存されないことをNotionが明示しているため、安心して利用することができます。

Notionを企業で使っている会社の場合、多くの機密情報をNotionに入れることになるはずですが、問題なく利用することができます。

AI LLMサブプロセッサーにデータが送信されるときに、TLS 1.2以降を使用して転送中のデータを暗号化します。また、ユーザーデータは、モデルの学習には使用されません。

NotionのすべてのAI ILLサブプロセッサーは、データを最長で30日間保存し、削除します。アウトプット生成のためにAI LLM サブプロセッサーに送信されるのは、AIライターや自動入力が使用される特定のページにある、ユーザーがアクセスできるデータのみです。つまり、ユーザーに提供される生成後のアウトプットには、ユーザーがアクセスできないデータは含まれません。

Notion AIの詳しいセキュリティ対策の要項は以下の通りです。

参照：https://www.notion.so/ja-jp/product/ai

さらに詳しく知りたい方は、「Notion AIで実践されるセキュリティ対策」から確認ください。Notion公式サイトで詳細に説明されいます。

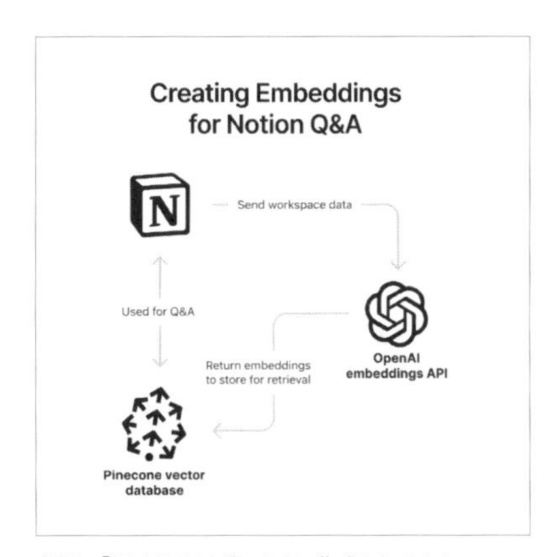

参照：「埋め込みはどのように作成されるか」
https://www.notion.so/ja-jp/help/notion-ai-security-practices

ポイント

- ChatGPTをはじめとするAIツールは、入力が学習に使える
- Notion AIのセキュリティ対策は万全のため、安心して入力できる

2-4 > 料金プランについて知る

Notion AIの料金

Notion AIの料金は、年間契約の場合で$8、月額払いの場合は$10です（2024年5月現在）。

このNotion AIは、通常のNotionのワークスペースとはまた別で課金する必要があります。仮に月額$15のビジネスプランを申し込んでいたとしても、別で課金しなければなりません。また、ワークスペースの課金のペースとNotion AIは揃えなければなりません。月額プランでワークスペースを購入しているユーザーはAIも月額プランとなります。また、ワークスペースと同様、Notion AIはユーザーごとの課金が必要です。

例えばワークスペースに10人ユーザーがいる場合、Notion AIを導入する際は10人分のNotion AIに課金する必要があります。

この際、組織でひとりだけ課金する、ということはできません。全員分に加入する必要があります。

お試しプラン

Notion AIに課金する前に、まずは無料で使ってみましょう。

ワークスペースごとにNotion AIには無料使用分があります。これは、個人単位ではなくワークスペース単位で割り振られていることに気をつけてください。自分一人が使い切ってしまうと、他のユーザーは無料分にアクセスすることができません。

こちらの無料分の使用終了後は、課金をしなければNotion AIを試すことはできません。

Notion AIへの課金方法

Notion AIのお試しプランで使えるクレジットは少ないため、ぜひ本書のNotionユーザーの皆さんにはNotion AIを課金してご利用いただくことを推奨します。

なおNotion AIへの課金手順は、本書特典ページ（P.3参照）冒頭に記載しています。

ポイント

- Notion AIは年間払いの場合は月額$8、月額払いの場合は月額$10
- 最初だけ無料でNotion AIを利用可能、利用分はワークスペースごとに割り当てられる
- 誰か1人だけ利用することはできず、ワークスペース参加者全員が課金する必要がある（ゲストは除く）

2-5 ChatGPTとの違いについて知る

ChatGPTとNotion AIの特徴

「ChatGPTとNotion AI、何が違うの？」とよく質問をされますが、両者は全く用途が異なるものです。それぞれの特徴を知った上で、両方を利用することを推奨します。

まず、ChatGPTにある機能としては、画像生成、文書読み込み、Web検索機能などです。一方で、Notion AIの最大の魅力は、Notion上で動くということです。

ChatGPTを利用する場合、ChatGPTに対して指示文章を書き、そしてその出力結果をどこかにペーストする必要があります。これは、ほんの少しだけ利用したい場合などには非常に面倒です。

それに対して、Notion AIの場合はNotion上で動かすことができるので、前提の条件をAIに渡す必要も、出力結果をどこかに貼る必要もありません。これは、使ってみると本当に便利だと気づくはずです。

ぜひ実際に触ってその魅力を感じてみてください。

AIツール	ChatGPT	Notion AI
月額料金	$20	$10
文章生成	○	○
画像生成	○	×
Web検索機能	○	×
音声入力	○	×
文書読み込み	○	×
Notion上での操作	×	○

どっちに課金すべき?

ChatGPTとNotionは、両方とも課金すべきというのが筆者の意見です。というのも、そもそも両者は用途が異なりますし、ChatGPTは課金することで性能が大きく上がったり、さまざまな機能が使えるようになります。Notion AIはそもそも課金しなければ使うことができません。

それぞれの向いているタスク

2つのAIは前述の通り全く異なるものですが、最初のうちはどの場面でどちらのAIを使うか迷ってしまうかもしれません。本書を読んでいただければNotion AIのほうが利用しやすい場面がわかるはずですが、ここでは簡単に例を挙げておきます。

ChatGPT

・最新の情報のリサーチ
・画像生成やファイル操作
・チャットボットの作成
・より自然な文章の生成

Notion AI

・注釈や語句の解説などの挿入
・形式の変換
・フローチャートやシーケンス図など図解の作成
・記事の要約

ポイント

- Notion AIとChatGPTはそもそも用途が全く異なる
- Notion AIの最大の魅力はNotion上で動く気軽さにある
- Notion AIとChatGPTの両方に課金できるとよい

2-6 ＞ Notion AIのクセについて知る①

ページ全体がプロンプトに

Notion AIには他のAIにはないクセがあります。それを理解しないと、うまい回答を得られないことがあるので理解しましょう。まず、ページ全体がプロンプトになることについてです。詳しい説明は後述しますが、Notionでは、Notion AIを立ち上げてプロンプトを入力することで出力結果を得ることができます。

その際、Notion AIは、Notion AIに指示した文章の他に、ページの内容も加味した結果を出力します。例えば、「今日はカレーを食べました」という文章がページ内にあります。その状態で「日記を書いてください」と入力すると、出力される日記には、「今日はカレーを食べました」という情報が入ります。Notion AIに対しては「日記を書いてください」としか入れていないのにも関わらず、です。

試しに、ページを作り直し、タイトルを無題の状態で同様に「日記を

書いてください」と伝えると、今度はカレーの内容は一切出てきません。

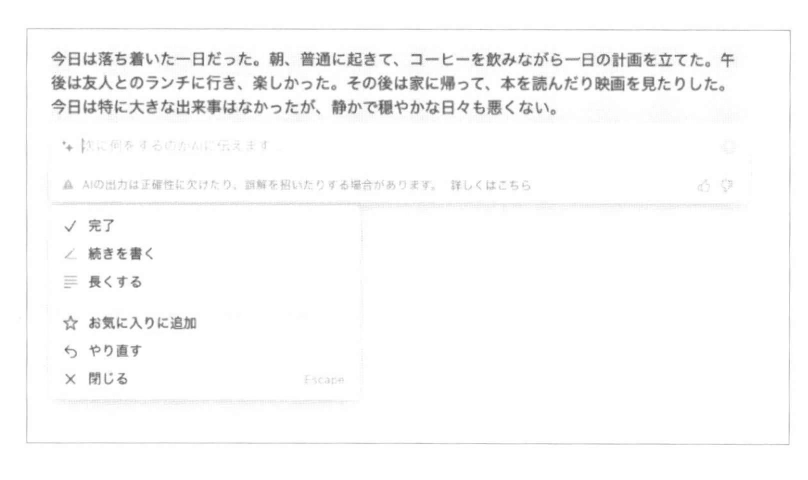

Notion AIはページ全体の内容を踏まえて出力するため、もしページ内容を出力結果に反映させたくない場合は、ページを作り直す必要があります。

これを理解しないまま使ってしまうと、「Notion AIは非常に使いづらい」となってしまいます。ChatGPTで新しい内容を話すときは新しい会話を開始するのと同様に、Notion AIを使う場面でも常にページの内容がプロンプトとして認識されていることを留意しましょう。

人間ほど自然な文章は書きづらい

Notion AIは利便性に優れていますが、より人間に近い自然な日本語の生成という点では、他のAIのほうが長けている場合があります。例えば、高品質な文章が求められるブログやSNSへの投稿をNotion AIで自動生成し、一切修正せずにそのまま発信しようとすると、その文章には多少の不自然さが残ってしまう可能性があります。

人の手を介さずに自然な日本語を生成したい場合は、Anthropic社（https://www.anthropic.com/）が提供する会話型AI「Claude3 Opus」のように、日本語の生成を得意とするモデルの利用をおすすめします。

ポイント

- Notion AI独特のクセを理解する
- Notion AIではページ全体がプロンプトになる

2-7 Notion AIのクセについて知る②

出力形式が異なる

2つ目のクセが、Notion AIは出力形式が変わることがあるということです。

Notion AIはNotionで動かすことができるので、出力形式をNotion上のさまざまなブロックで指定することが可能です。例えば文章を箇条書きにしたいときは、「箇条書きにして」と指定することで実際にNotionの箇条書きブロックに変換することが可能です。

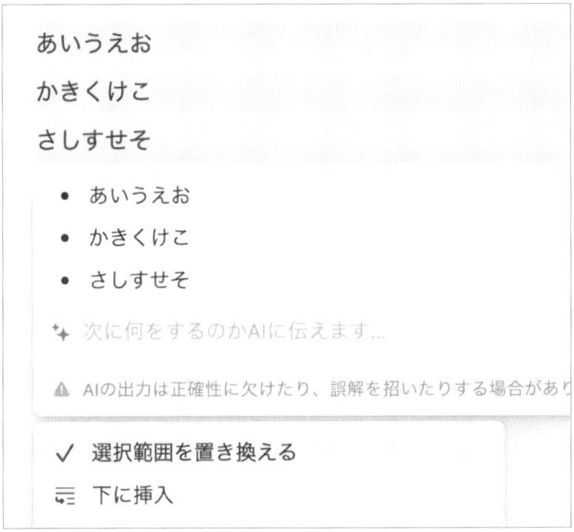

あいうえお
かきくけこ
さしすせそ

- あいうえお
- かきくけこ
- さしすせそ

次に何をするのかAIに伝えます...

AIの出力は正確性に欠けたり、誤解を招いたりする場合があり

✓ 選択範囲を置き換える
下に挿入

しかし、この指示はうまくいかないこともあります。例えば、作った文章を表形式にしたいとします。その際、うまくいけば、Notion上のシンプルな表形式にまとめてくれます。一方で、うまく表形式にならないときもあります。その場合は、指示文章を英語にしたり、ページを作り直すことで正しい形式になる場合があります。なお、最近のアップデートで形式が崩れることが減ってきたので基本的には指示通りの形式になることがほとんどです。

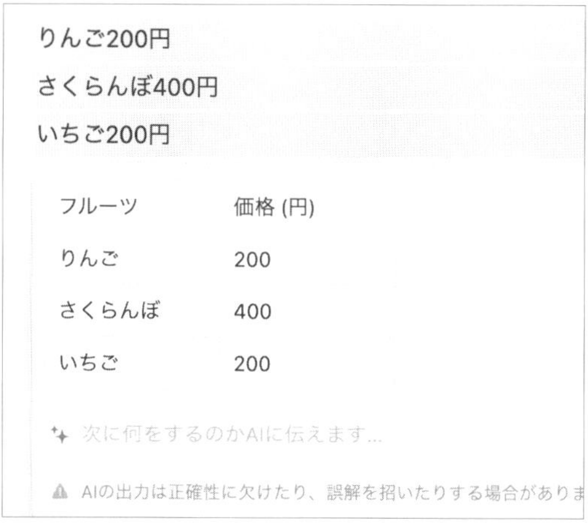

りんご200円
さくらんぼ400円
いちご200円

フルーツ	価格 (円)
りんご	200
さくらんぼ	400
いちご	200

次に何をするのかAIに伝えます...

AIの出力は正確性に欠けたり、誤解を招いたりする場合がありま

元の文章を残す／残さない

文章の形式を変更したり、表にするなど、元の文章を選択してAIに指示した場合、元の文章を残すか残さないかを選べます。

［選択範囲を置き換える］を選択すると、元の内容は消えAIの出力結果がのみが残ります。［下に挿入］の場合、元の文章の下にAIの出力結果が残ります。

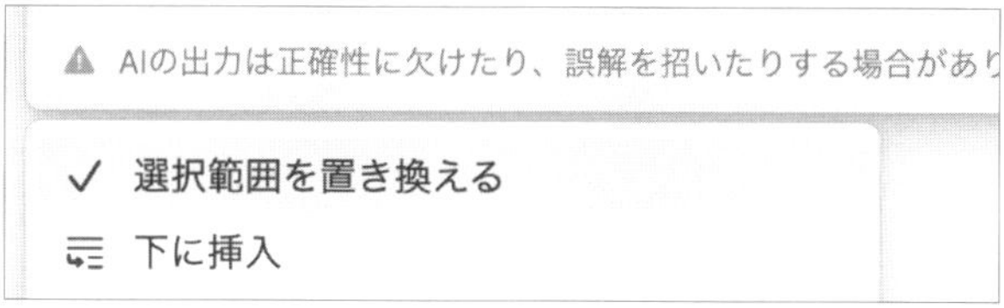

AIの出力は正確性に欠けたり、誤解を招いたりする場合があり

✓ 選択範囲を置き換える
下に挿入

ポイント

- Notion AIは出力形式を指定できるため、ほしいブロックになるよう指示をする
- 指定した結果にならない場合はやり直す
- 高度な日本語生成は苦手なことに留意する

COLUMN

AIサービスには課金した方がいい?

日頃SNSで発信をしていると「ChatGPTやNotion AIに課金した方がいいの?」という質問をたくさんいただきます。筆者は基本的に「絶対に課金すべき」と答えています。例えば、ChatGPTは約3,000円、Notion AIは2,000円です。両方課金したとしても月に5 000円程度です。もし会社員としての時給が2,000円だとすると月間3時間以上短縮できれば得します。このように自分の生産性を高める仕事道具は費用対効果を考えてプラスになるならば課金した方がお得です。購入に悩んだときはこの発想をしてみましょう。また、課金して今すぐに時給以上の効果が見合わなくても今のうちから生成AIに慣れていくことは重要です。今後仕事にAIが今より一層組み込まれていくのは確実なのですから。

また、「どのAIツールに課金すればいいの?」というコメントも質問も多いですが、まずChatGPTとNotion AIだけで構いません。この2つがあればたくさんのことができます。そして、この2つのツールを業務でガンガン使いこなせるようになった頃にはAIに関する解像度が上がり、他のツールにも興味を持ち出すようになるはずです。そうなれば、自分が他に課金すべきAIツールがわかるようになると思います。例を挙げると筆者の場合は文字起こしAIのGladia、動画編集のVrew、ChatBot生成のChatsimpleなどに課金しています。これらはChatGPTやNotion AIでカバーできない分野で使えます。ただ、少なくとも最初のうちはChatGPTやNotion AIで何ができて何ができないのかわからないと思うので、この2つのツールを使い倒してみてください。

- **ChatGPT** https://chat.openai.com/
- **Gladia** https://www.gladia.io/
- **Vrew** https://vrew.voyagerx.com/ja/
- **Chatsimple** https://chatsimple.ai/

>Chapter 3

AIに依頼

3-1 › 操作方法について知る

Notion AIを呼び出す

Notion上でNotion AIを利用する方法はシンプルです。[⌘](Windowsは［Ctrl］)+[J]、もしくは［⁝⁝］→［AIに依頼］でAIを呼び出すことができます。

AIに文章作成を依頼

実際の手順について紹介します。Notion AIを呼び出したら、実際に行いたいこと・出力したい文章を記載します。例えば、AIについての説明をNotion上で行いたいとします。その場合、「AIについて簡単に教えて」とNotion AIについて伝えることでその結果を出力してくれます。

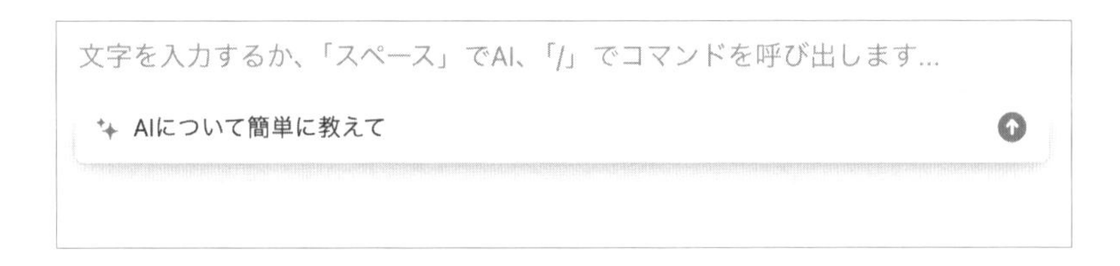

Prompt　AIについて簡単に教えて

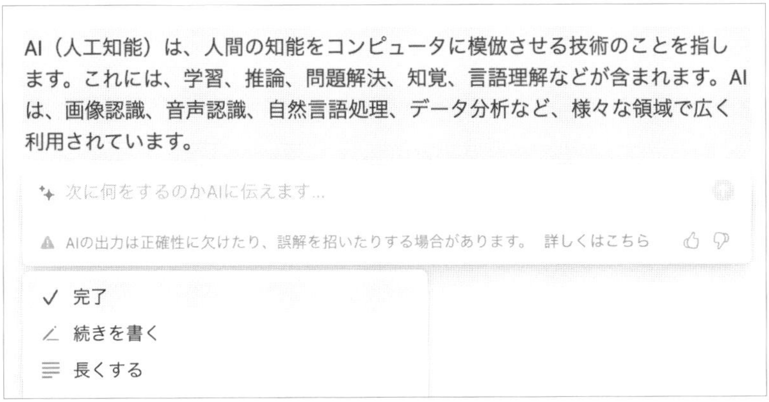

AI（人工知能）は、人間の知能をコンピュータに模倣させる技術のことを指します。これには、学習、推論、問題解決、知覚、言語理解などが含まれます。AIは、画像認識、音声認識、自然言語処理、データ分析など、様々な領域で広く利用されています。

次に何をするのかAIに伝えます...

AIの出力は正確性に欠けたり、誤解を招いたりする場合があります。　詳しくはこちら

✓ 完了
続きを書く
長くする

もちろん、わざわざ説明する必要もありませんが、この文章は間違っている場合があります。

Notion AIの出力画面にも「AIの出力は正確性に欠けたり、誤解を招いたりする場合があります」と記載があります。

キャッチコピーを考えたりするような使い方ではなく、用語の説明をする場合など正確性が求められる場合は、必ず別途確認しましょう。

「AIは嘘をつくから使えない！」という人が多いですが、では人間ならば間違えないかと言われれば全くそんなことはありません。新卒が作った資料を上司が確認するのが当たり前なように、AIの場合もしっかりと確認してあげればよいのです。

ポイント

- [AIに依頼]でNotion AIを呼び出す
- そのあと、指示することでNotion AIが動作開始する

3-2 › アイデア出しをする

ブレインストーミングを行う

早速Notion AIを実践向きに活用していきましょう。まずは、こんな場面を想定してみてください。あなたがカーディーラーで働いてるとします。会議で、Z世代向けに新車を販売するための施策について考えることになりました。しかし、アイデアが全く思いつきません。そんなときは、まずNotion AIに尋ねることから始めましょう。会議の最中だとしても、一瞬でアイデアを10個出すことが可能です。

≡ Prompt

カーディーラーとして、Z 世代に新車を販売したいです。
そのキャンペーン内容を 10 個考えてください。

1. Z世代専用の特別な新車レンタルプログラムを提供します
2. Z世代向けのエコフレンドリーな電気自動車の選択肢を増やします
3. ソーシャルメディアキャンペーンを実施して新車モデルを宣伝します
4. Z世代のインフルエンサーとパートナーシップを結び、新車をプロモートします
5. オンラインで新車購入体験を最適化します
6. Z世代のための特別な新車購入割引を提供します
7. テクノロジーを重視した新車の特徴を強調します
8. 新車の購入者に対して無料の車両保険を1年間提供します
9. 新車購入時に無料の車検チェックを提供します
10. Z世代向けの新車購入ガイドを作成します。

また、Notion AIが出したアイデアがあまり面白くない場合、プロンプトを少し工夫することで内容を変えることができます。

≡ Prompt

カーディーラーとして、Z世代に新車を販売したいです。そのキャンペーン内容を、奇抜なものだけで10個考えてください。

11. VR（バーチャルリアルティ）を用いた運転体験イベントを開催する。
12. 人気ゲームキャラクターとのコラボレーションによる限定デザイン車の販売を行う。
13. 人気インフルエンサーとのミーティングイベントを購入者限定で開催する。
14. 車の購入者に対し、人気音楽フェスティバルのVIPチケットを提供する。
15. サプライズとして、新車の購入者の中から抽選で海外旅行をプレゼントする。
16. 自転車やスケートボードなどのアーバンスポーツイベントを開催し、その中で新車をアピールする。
17. ファッションブランドとのコラボレーションによる車内アクセサリーを限定販売する。
18. ドローンによる新車のデリバリーサービスを提供する。
19. 購入者のためのエクスクルーシブなカーレースイベントを開催する。
20. 新車の購入者に対して、有名人のサイン入りグッズを提供する。

「奇抜な」「センセーショナルな」「類を見ない」などの単語をプロンプトに入れることで、通常ありきたりな回答を行うNotion AIに、一味違った回答をしてもらうことが可能です。

また、ここで大事なのがNotion AIをあくまで下書きや叩き台として使う、ということです。出力してくれるアイデアがあまり魅力的ではないときに「Notion AIはたいしたことない」と結論づけをしてしまうのはもったいありません。

大事なのが、Notion AIの出したアイデアが魅力的ではないのであれば魅力的なアイデアとは何なのか、といったようにAIが議論を活性化させることです。

ポイント

- Notion AIでアイデア出しを行う
- 「奇抜な」「類を見ない」と指示することでアイデアが変化
- Notion AIを叩き台として扱う

3-3 ＞ ToDoリストを作る

ToDoリストの生成をAIに依頼してみる

本書でも前述したように、NotionはToDoリストを作るのに向いています。

そこで、Notion AIでToDoリストを作ってみましょう。一般的なトピックを決めた上で、Notion AIに依頼してみます。

Prompt　**忘年会の企画を会社でやります。タスクを一覧で出して**

忘年会の企画タスク一覧

- [ ] 日時と場所の決定： 忘年会の開催日と開催場所を決定する。
- [ ] 参加者の募集と人数の確認： 忘年会に参加する社員を募集し、参加人数を確認する。
- [ ] 予算の計算： 忘年会の予算を計算し、必要な費用を把握する。
- [ ] 飲食の手配： 忘年会で提供する飲食物の手配を行う。メニューの選択、特別な食事制限の確認（アレルギーやダイエット等）も含む。
- [ ] ゲームやエンターテイメントの準備： 忘年会で行うゲームやエンターテイメントの準備を行う。楽しい雰囲気を作るための企画も考える。
- [ ] 招待状の送付： 忘年会の詳細と参加の確認を含む招待状を社員に送付する。

独自のタスク表を生成する

忘年会の企画などは、インターネットで検索すれば手順が出てきます。そこで、検索しても出てこないようなタスクの場合でもNotion AIが役に立ちます。

Prompt

大人４人でキャンプに行くときに必要な持ち物、食べ物を具体的な数量とともに出力して

以下に大人4人でキャンプに行く際に必要な持ち物と食べ物を列挙します。

持ち物:

- [ ] テント: 1つ
- [ ] スリーピングバッグ: 4つ
- [ ] フラッシュライト: 4つ
- [ ] キャンプ椅子: 4つ
- [ ] キャンプテーブル: 1つ
- [ ] クーラーボックス: 1つ
- [ ] 調理器具（ポット、フライパン、食器等）: 一式

食べ物（一日分）:

- [ ] 水: 8リットル
- [ ] ご飯: 8合
- [ ] 野菜（パプリカ、ズッキーニ、なすなど）: 各2個
- [ ] 肉（鶏肉、牛肉）: 各500グラム
- [ ] パン: 8個
- [ ] フルーツ（リンゴ、バナナ）: 各4個

このように、自分の独自の状況を盛り込んでタスクを生成することも可能です。

キャンプの他にも釣りといった荷物の多いアウトドアや、会社の社員旅行など、段取りが大変なイベントの管理をNotionで行う際は、まずNotion AIに相談してタスクの洗い出しをしてみましょう。

Notion AIが出してきたタスクに違和感があれば、それによって抜け漏れなどに気づくことができます。

ポイント

- Notion にToDoリストを生成してもらう
- 独自の状況を細かく描写してNotion AIに依頼する
- 出てきたタスクをもとに抜け漏れを確認する

3-4 ＞ 説明を入れる

Wikiを生成する

Notion をWikiとして使う場合に、Notion AI は非常に役に立ちます。

例えば、マーケティングの会社でWikiを書く際に、どうしても当たり前のようにマーケティング用語を使ってしまいがちです。ですが、わざわざ細かい説明を書くのも面倒です。そんなときにNotion AIが役に立ちます。

Prompt　**ROIについて説明して**

広告費用 = CPC * (クリック数 / CVR)

この式を用いて、広告キャンペーンの予算を計画したり、ROIを評価したりすることができます。

ROI（Return On Investment）は、投資対効果とも呼ばれ、マーケティング活動などの投資に対してどれだけの収益が得られたかを評価する指標です。具体的には、（収益 - 投資額）/ 投資額 * 100 で計算され、パーセンテージで表されます。この値が高いほど投資効果が高いと言えます。

普段だったら説明を省くようなところでも、Notion AIなら一瞬で説明することが可能です。ChatGPTでも同じことをすることができますが、わざわざWikiから離れChatGPTを開き、出力結果をコピペする必要があります。そうなってくると、細かい説明を入れようとは思いません。一瞬でできるNotion AIだからこそ、説明を入れることが可能です。

ポイント

- 専門用語に説明をつける
- ChatGPTより気軽なNotion AIだからこそ、細かい説明も入れる

3-5 › 箇条書きに変更する

形式を変更しよう

Notionで最も利用するブロックが箇条書き、という人は多いのではないでしょうか。

Notionでは、複数のブロックを一度に箇条書きに直すことはできます。ですが、別のサイトから引っ張ってきた文章などをNotion上にコピーするとひとつのブロックとして認識されてしまい、適切に箇条書きできないケースが頻繁にあります。

- あいうえお
  かきくけこ
  さしすせそ
  たちつてと
  なにぬねの

そこで利用するのが、Notion AIです。対象のブロックを選択し、「箇条書きに直して」と伝えると、うまくいってなかった箇条書きが適切に整理されます。

Prompt 箇条書きに直して

- あいうえお
- かきくけこ
- さしすせそ
- たちつてと
- なにぬねの

改行を直したりするのは、Notionを触っていると頻繁に起きるタスクです。ぜひNotion AIで自動化しましょう。

なお、別の媒体から引っ張ってきて箇条書きが崩れた文章を箇条書きに直す作業は、筆者がNotion AIで最も頻繁に使う作業の１つです。イチオシなのでぜひ試してみてください。

☑ ポイント

☑ Notionに何かをコピペするとひとつのブロックとして認識される場合がある

☑ 手動で改行したりせず、Notion AIに頼む

3-6 ＞ 表形式に変換する

形式を変更する

先ほどの箇条書きと同様に、Notionに表をコピー＆ペーストしてもうまくいかない場合があります。例えば、下記のような表をNotionにコピー＆ペーストすると、形式が崩れてしまいました。

手紙（定形郵便物・定形外郵便物）の基本料金

› 手紙（定形郵便物・定形外郵便物）の詳細

定形郵便物	
25g以内	84円
50g以内	94円

↓（コピー＆ペースト）

手紙（定形郵便物・定形外郵便物）の基本料金

- 手紙（定形郵便物・定形外郵便物）の詳細

定形郵便物
25g以内　84円
50g以内　94円

こういった場合に、Notion AIで形式を直しましょう。

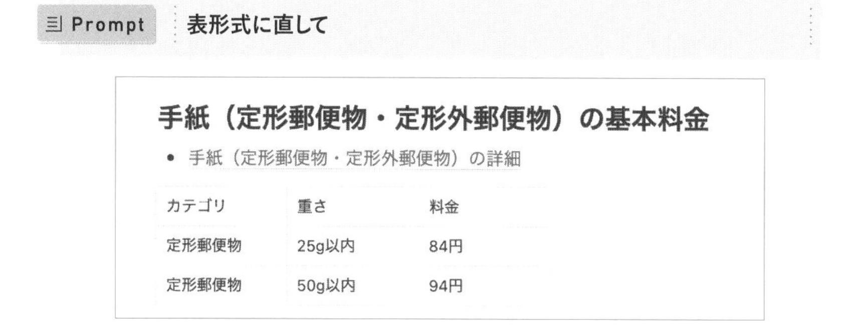
Prompt　表形式に直して

手紙（定形郵便物・定形外郵便物）の基本料金

- 手紙（定形郵便物・定形外郵便物）の詳細

カテゴリ	重さ	料金
定形郵便物	25g以内	84円
定形郵便物	50g以内	94円

崩れてしまっていた部分を、表形式に直すことができました。

データベースに切り替える

なお、Notion AIで表やデータベースにして、と頼んだ際に作られるこの表は「シンプルテーブル」という形式です。データベースに直したい場合、まず表の一番上を「列見出し」に直します。

そのあと、表全体を選択して「データベースに変換」することで、完了です。

ポイント

- ☑ 表形式が崩れたときはAIに頼む
- ☑ シンプルテーブルはデータベースに切り替えられる

3-7 > 構造化する

プレーンなテキストに見出しをつける

箇条書きや表形式同様に、本来見やすかった文章が、書式がすべてリセットされてしまったことで見づらくなってしまう場合があります。その場合も、Notion AIで解決可能です。

2024/03/03マーケティング会議、参加者
Notion太郎
Notion花子

アジェンダ
新規事業の立案
予算の決定

ネクストアクション
サービス名の決定
マーケティングの計画の決定

こプレーンなテキストになってしまっているので、しかるべき部分の文字を大きくして箇条書きに直してもらう必要があります。

Prompt　構造化して

2024/03/03 マーケティング会議

参加者

- Notion太郎
- Notion花子

アジェンダ

1. 新規事業の立案
2. 予算の決定

ネクストアクション

- サービス名の決定
- マーケティングの計画の決定

このシンプルな文章で、このように直してくれました。

・日付と会議名を全体のタイトルに
・各項目を見出しに
・普通の文章は箇条書き、番号つき箇条書きに

色をつける

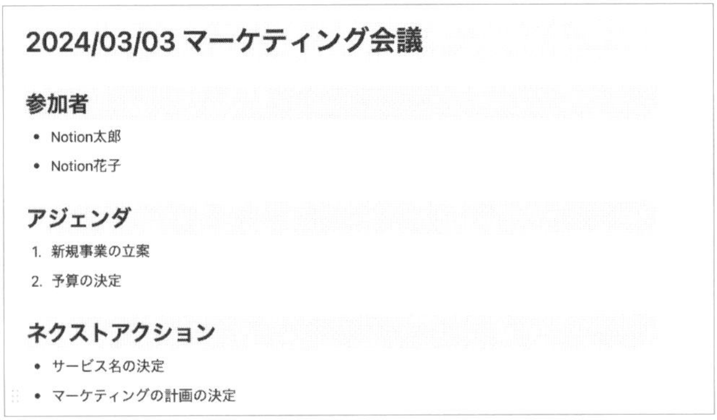

2024/03/03 マーケティング会議

参加者

- Notion太郎
- Notion花子

アジェンダ

1. 新規事業の立案
2. 予算の決定

ネクストアクション

- サービス名の決定
- マーケティングの計画の決定

AIを使って形を整えたら、見出しに色をつけてみても良いでしょう。

色つけはAIだとうまくいかない場合が多いので筆者は手動で行う場面が多いですが、これだけでNotionがきれいになります。おすすめは、黄色やグレーです。青は、ブロックを選択している状態の色と被ってしまうのであまり使わないようにしています。

☑ ポイント

- ☑ Notion AIで全体の構造化を行う
- ☑ 構造化済みの文章にカラーをつけて見やすくする

3-8 ＞ 献立表を作る

献立票を考えてもらう

Notion AIに、献立表を作ってもらいます。まずは、適当に依頼してみましょう。

Prompt　**4日分の朝昼晩の献立を生成して**

7日間の献立 (朝・昼・夜)

1日目

- 朝：野菜ジュース、トースト、ヨーグルト
- 昼：鶏肉と野菜のサラダ、ライ麦パン
- 夜：焼き魚、もやしのナムル、ご飯、味噌汁

2日目

- 朝：フルーツスムージー、オートミール
- 昼：おにぎり、味噌汁、焼き魚
- 夜：肉じゃが、ご飯、豆腐の味噌汁

3日目

- 朝：ホットサンド、野菜ジュース
- 昼：パスタサラダ、フルーツ
- 夜：鶏肉の照り焼き、ご飯、和風スープ

4日目

- 朝：フレンチトースト、フルーツ
- 昼：ラーメン、餃子
- 夜：焼き肉、キムチ、ご飯

出力してくれました。ここから精度を上げてより良いメニューにしてもらいます。プロンプトに工夫を加えます。

Prompt

栄養管理士として振る舞ってください。4日分の朝昼晩の献立を生成して

1日目

- 晩：ローストチキン、緑色の野菜のスチーム、玄米ごはん
- 昼：寿司ロール、ミソスープ
- 朝：フレンチトースト、フレッシュフルーツ

2日目

- 晩：海老と野菜のパエリア、サラダ
- 昼：鶏のサンドイッチ、フレッシュフルーツ
- 朝：パンケーキ、ブルーベリー、ゆで卵

3日目

- 晩：豆腐と野菜の炒め物、玄米ごはん
- 昼：ベジタブルラーメン、エビの春巻き
- 朝：オートミール、バナナ、ハードボイルドエッグ

4日目

- 晩：チキンのスチュー、茹でたじゃがいも、サラダ
- 昼：サーモンのグリル、小麦のパスタ、スチームブロッコリー
- 朝：ヨーグルト、フルーツサラダ、全粒穀物のパン

全体的に食事が健康的なものになりました。
最後に見やすいように、表形式へと変えましょう。

Prompt　**表形式に変換して**

日	朝食	昼食	夕食
1日目	フレンチトースト、フレッシュフルーツ	寿司ロール、ミソスープ	ローストチキン、緑色の野菜のスチーム、玄米ごはん
2日目	パンケーキ、ブルーベリー、ゆで卵	鶏のサンドイッチ、フレッシュフルーツ	海老と野菜のパエリア、サラダ
3日目	オートミール、バナナ、ハードボイルドエッグ	ベジタブルラーメン、エビの春巻き	豆腐と野菜の炒め物、玄米ごはん
4日目	ヨーグルト、フルーツサラダ、全粒穀物のパン	サーモンのグリル、小麦のパスタ、スチームブロッコリー	チキンのスチュー、茹でたじゃがいも、サラダ

これで見やすい献立表ができました。

買い物リストを生成する

献立を実際に作るために、必要な食材を書き出してもらいます。

≡ Prompt

2日分の献立を作るための食材を、料理名から推察し、抜け漏れなく、すべての食材を、具材ベースで書き出して

買い物リストを生成することができました。

1日目

- 朝：ソーセージ、卵、全粒パン、オレンジ
- 昼：鶏むね肉、キヌア、ヨーグルト、サラダ野菜、オリーブオイル、塩、胡椒
- 夜：鮭、ブロッコリー、玄米、塩、胡椒

2日目

- 朝：バナナ、ナッツ、ミルク、コーヒー豆
- 昼：鶏肉、パン（カツサンド用）、人参、セロリ、塩、胡椒、パン粉、揚げ油
- 夜：牛肉、サラダ野菜、全粒パン、シチューの素、塩、胡椒

さらに必要であれば、どの食材を何gくらい買うかも指定できます。各食材の売り場ごとにグルーピングしてもらうことも、もちろん可能です。自分にとってみやすい買い物リストをAIで作りましょう。

☑ ポイント

- ☑ 献立をAIに作ってもらう
- ☑ 献立から買い物リストを生成する

3-9 ＞ ToDoリストを抽出する

文字起こしからToDoを抽出する

AIで、特定の文章からアクションアイテムのみを取り出す方法を紹介します。まずは、会議の文字起こしを用意します。

文字起こし

「本日は会議にお集まりいただきありがとうございます昨年度の成果については皆さんの努力の賜物ですが今日は今年の戦略について集中して議論したいと思います新製品開発の進捗について技術的な課題があり追加のリソースが必要です市場拡大の戦略では現地の市場調査に基づいたマーケティング戦略が求められます競合他社との差別化には独自の価値提案が必要であり製品だけでなくブランド戦略も重要です財務状況に関しては投資計画が増加する見込みでリスク管理の強化が必要です新市場への進出を図るには皆さんの協力が不可欠ですそれでは一人ずつ意見を伺いたいと思います山田さんはどう思いますか山田：はい新製品開発に関しては技術チームとの連携を強化し迅速な解決を図るべきですまた市場調査に関しては競合分析も重要だと思います鈴木さんからも意見を聞かせてください鈴木：ありがとうございます市場拡大にあたり現地の文化やニーズを理解することが重要だと思いますそのためには現地のパートナーとの

なお、文字起こし自体はNotionで行うことはできません。対面での会議であれば「LINE Clova Note」、ZoomやGoogle Meetなどのオンライン会議では「tldv」、既に録画されている映像であれば「Gladia」などを使って元となる文字起こしを生成しましょう。

この文字起こし全体を選択した上で、[AIに依頼] を呼び出したあと、[アクションアイテムを抽出する] をクリックします。

各部門からの詳細な計画をもとにした予算の見直しも必要になるでしょう最後に皆さんの努力と創意工夫でこのチャレンジを乗り越えましょう。」

AIに編集や作成を依頼...

アクションアイテムを抽出する

AIを使用して文章を作成

続きを書く

すると、簡単に会議の文字起こしから、ネクストアクションを抽出することができます。

- [ ] 部品供給の遅れに対する対策を早急に検討し、実行に移す
- [ ] 労働環境改善の取り組みについて、社員の意見を引き続き聴取する
- [ ] 次の四半期の目標として、売上を前年同期比で10%増加させるためのマーケティング戦略を見直し、新製品の宣伝を強化する
- [ ] 顧客満足度の向上のために、顧客の声を聞き、そのニーズに応える
- [ ] 次回の会議を来週の同じ時間に設定する

対応可能な文字数については公式からは発表されていませんが、かなりの量の文章量でも抽出することは可能です。

ポイント

- 文字起こしからアクションアイテムを抽出する。

3-10 ＞トーンを変更する

［AIに依頼］から［トーンの変更］で、文章のトーンを変更することができます。プロンプトを書くことでどんな形式にも変更することが可能ですが、デフォルトではフォーマル、カジュアル、率直、堂々とした、フレンドリーの5種類があります。

田中様
この度は弊社AI勉強会にお申し込み頂きありがとうございます。
当日は、PCと参加費3000円のご持参をお願いします。
それでは、お会いできることを楽しみにしております。
臼井

AIに編集や作成を依頼...

選択範囲を編集またはレビュー
文章を改善する
スペルと文法を修正する
短くする
長くする
トーンの変更
シンプルな表現に書き換える

選択範囲から生成
要約する

フォーマル
カジュアル
率直
堂々とした
フレンドリー

まずは、フォーマルを試します。

［フォーマル］

田中様、
AI勉強会へのお申し込み、誠にありがとうございます。当日はPCと参加費の3000円をご準備いただきますよう、お願い申し上げます。また、皆様とお会いできることを心より楽しみにしております。
どうぞよろしくお願いいたします。
臼井

元の文章から、だいぶ丁寧な形式になりました。Notionで作ったイベントページなど、公な文章をシェアする際、書いた文章全体をフォーマルに変更する、といった使い方をすると便利です。
他の4種類の使い分けは以下の通りです。

［**カジュアル**］
元の文章がフォーマルなので、少し不自然な感じになりました。

田中様、
AI勉強会に参加するってありがとう！当日はPCと参加費3000円を持ってきてね。
会えるのを楽しみにしてるよ！
臼井

［**率直**］
文字数が最低限になり、シンプルになりました。丁寧に書こうとして冗長になった文章を短くするのにかなり使えます。

田中様、
AI勉強会への申し込み、ありがとうございます。当日はPCと参加費3000円をお持ちください。お会いできることを待っています。
臼井

［**堂々とした**］
企業が新卒入社希望の学生向けに最適な雰囲気です。

田中様、

弊社のAI勉強会へのご参加、心より感謝申し上げます。

ご参加の際は、PCと参加費3000円を必ずご持参ください。

皆様にお会いできる日を、楽しみにしております。

臼井

［フレンドリー］

知り合いに送る敬語のトーンに変えてくれていますが、結構違和感があり修正が必要です。

田中様、こんにちは！

弊社のAI勉強会にご参加いただくことを選んでくださり、心から感謝いたします。あなたの参加が私たちのイベントを更に特別なものにすることでしょう。

当日は、PCと参加費3000円を忘れずにお持ちくださいね。その準備が整えば、すべては楽しく学びの時間となるはずです。

お会いできる日を心待ちにしております。それまでの間、何かご質問がありましたら遠慮なくお知らせください。

楽しみにしております、
臼井

まとめると、適当に書いた文章を、［フォーマル］or［堂々とした］で丁寧な敬語に変えたり、［率直］で削ったりする使い方が最も実用的です。

［トーンの変更］はプロンプトを記載する必要がない分気軽に利用することができるのでぜひ試してみてください。

ポイント

- ［AIに依頼］→［トーンの変更］から文章の雰囲気を変える
- 実用的なのは［フォーマル］or［同等］で適当な文章を丁寧な敬語に変える

3-11 › 続きを書く

出力を再開する

AIが出力を止めてしまったときや、AIの説明量が不十分だったときに使えるのが［続きを書く］という機能です。Notion AIに限らずChatGPTなどでも起こる現象ですが、対話型AIでは出力が途中で止まってしまうことが多々あります。そんなときに［続きを書く］を利用してみます。

まず、例としてNotion AIに「STP戦略について説明して」と伝えて書いてもらいましょう。

Prompt　STP戦略について説明して

STP戦略とは、マーケティング戦略の一つで、Segmentation（セグメンテーション）、Targeting（ターゲティング）、Positioning（ポジショニング）の頭文字をとって

次に何をするのかAIに伝えます...　＜ 3 / 3件 ＞

AIの出力は正確性に欠けたり、誤解を招いたりする場合があります。 詳しくはこちら

完了
続きを書く
長くする
お気に入りに追加
やり直す
閉じる　Escape

上の例ですと、「～頭文字をとって」で文章が終わってしまっています。本来なら、STP戦略についてより詳しい説明がこの後に続くはずです。そのため、［続きを書く］を選択します。

STP戦略とは、マーケティング戦略の一つで、Segmentation（セグメンテーション）、Targeting（ターゲティング）、Positioning（ポジショニング）の頭文字をとって

STPと名付けられています。市場をセグメント化し（Segmentation）、それらの中から最も効果的なターゲットを選び出し（Targeting）、そのターゲットに対して製品やサービスがどのように位置づけられるべきかを決定する（Positioning）というプロセスを指します。

次に何をするのかAIに伝えます...

AIの出力は正確性に欠けたり、誤解を招いたりする場合があります。 詳しくはこちら

✓ 選択範囲を置き換える

下に挿入

一部出力が重複してしまっていますが、最後まで回答を出力することができました。

回答の量を増やす

回答が途中で止まってしまった場合の他に、回答の量を増やすことにも使えます。例えば、新商品の名前のアイデア出しをしてもらっている際などに、候補を増やすことに使えます。

仮に「睡眠をコンセプトとしたプロテインの商品名を10個考えて」とAIに依頼して、10個アイデアを出したとします。

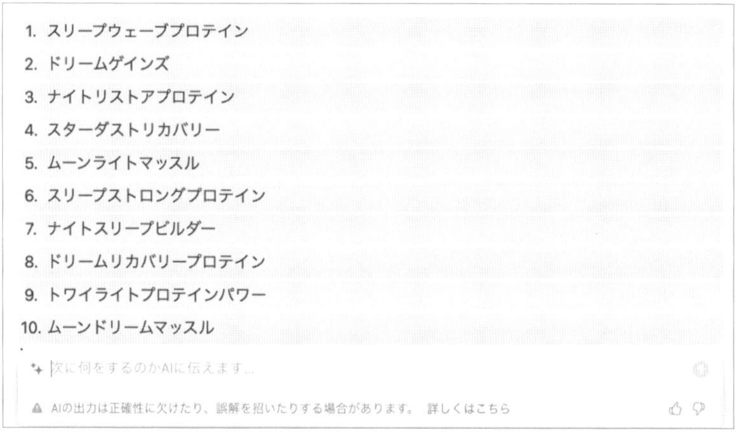

1. スリープウェーブプロテイン
2. ドリームゲインズ
3. ナイトリストアプロテイン
4. スターダストリカバリー
5. ムーンライトマッスル
6. スリープストロングプロテイン
7. ナイトスリープビルダー
8. ドリームリカバリープロテイン
9. トワイライトプロテインパワー
10. ムーンドリームマッスル

次に何をするのかAIに伝えます...

AIの出力は正確性に欠けたり、誤解を招いたりする場合があります。 詳しくはこちら

そのあと、もう少しアイデア出しをしたいときなどに、[続きを書く]を選択します。

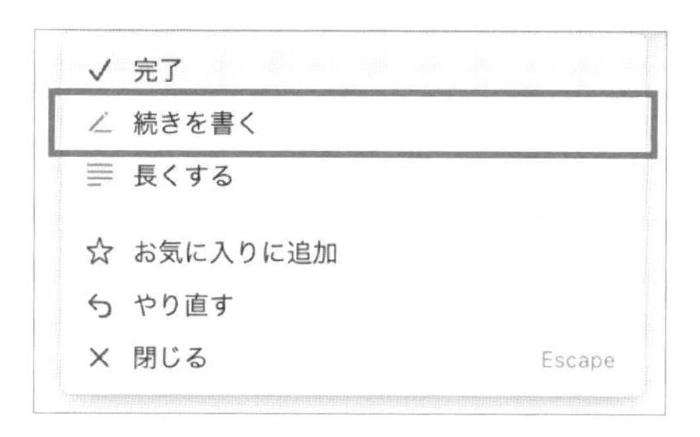

追加で出力してくれました。10個→20個と増えましたが更にもう一度[続きを書く]を選択してみます。

1. **スリープウェーブプロテイン**
2. **ドリームゲインズ**
3. ナイトリストアプロテイン
4. スターダストリカバリー
5. ムーンライトマッスル
6. スリープストロングプロテイン
7. ナイトスリープビルダー
8. ドリームリカバリープロテイン
9. トワイライトプロテインパワー
10. ムーンドリームマッスル
11. ナイトフォールナッツリエント
12. ミッドナイトマッスルブースト
13. スターライトリカバリー
14. トワイライトトーンアッププロテイン
15. ムーンビームメンテナンス
16. スリープエンハンスパワー
17. ドリームタイムマッスルバースト
18. ナイトリーリビルドプロテイン
19. スターダストストレングス
20. ムーンシャドウリカバリーフューエル
21. **スリープウェーブプロテイン**
22. **ドリームゲインズ**

回答は増えましたが、追加された回答が最初のものと重複してしまいました（1と21、2と22）。このように［続きを書く］を複数実行すると回答が被ってしまうことがあります。

何度か試しても良いアイデアが出ない場合は、［続きを書く］ではなくプロンプトを変更することを推奨します。より良いアイデアを得るためのプロンプトの変更のおすすめは形容詞を多用することです。「珍しい」「革新的な」などを入れると通常のプロンプトと比べて、ガラッと出力が変わります。

☑ ポイント

- ☑ 出力が止まったときには［続きを書く］で対応する
- ☑ 文章全体を増やしたいときは［長くする］、追加で文章を書いてほしいときは［続きを書く］で対応する

3-12 › 文章を改善する

誤字脱字を直す

Notionには、スペルミスや誤字脱字を自動で修正する校閲機能はありません。筆者個人としては、Notionは日常のタスクやメモに多用するツールなので、Wordのように赤線が引かれないのは見やすくてありがたいです。

ですが、公の文章を書くときももちろんあります。そんなときに簡単に文章を校閲できる機能が［文章を改善する］です。

この文章は、誤字と、脱字をおおめにかいてます。
AIに編集や作成を依頼...
選択範囲を編集またはレビュー
文章を改善する
スペルと文法を修正する
短くする
長くする

まずは、大袈裟に誤字脱字を含んだ文章で試してみます（ここでは出力後に［下に挿入］を選択します）。

この文章は、誤字と、脱字をおおめにかいてます。
NotiiionAIをつかうことて、ぶんしょうを改善ができるます。

この文章には、誤字と脱字が多く含まれています。
NotionAIを使うことで、文章を改善することができます。

文章すべての誤字脱字、"Notion"のスペルミスも直してくれました。

なお、これくらいの文章量でいちいちこのAI機能を使うのは非常に面倒で、それくらいなら最初からWordを使ったほうがいいとなってしまいます。Notion AIは長文でもサクサクと動くので、すべての文章を書き終わったあとにまとめてこの改善機能を使いましょう。

文章の質を上げる

先ほどは文章の誤字脱字を直すまでにとどまりましたが、この改善機能は文章表現自体もより丁寧で正しい日本語に直してくれます。特に、文章が長くなってくるとその効果を発揮します。

試しに、筆者が普段書いているブログの文章を一段落分、改善してもらいます。

何がすごいってモバイルバッテリー兼ACアダプターになるんです。

つまり、**普段はコンセントに刺して使って、出かけるときに外すとモバイルバッテリーとして使える**ということ。「モバイルバッテリーを充電する」という意味不明で不毛かつ、忘れがちな作業が完全にゼロになります。そして、似たような機能を持ってこれより安い充電器はたくさんありますが、すごいところは**超高速充電かつノートPCも充電できてしまう**こと。

この驚くべき特徴は、モバイルバッテリーがACアダプターにもなるということです。つまり、**普段はコンセントに差し込んで使用し、外出時にはモバイルバッテリーとして利用できる**というわけです。「モバイルバッテリーを充電する」というわかりにくく、忘れやすい作業が完全に不要になります。そして、同様の機能を持つより安価な充電器はたくさんありますが、この素晴らしい特徴は、**超高速充電が可能で、さらにノートPCも充電できてしまう**ということです。

丁寧な文章に変更してくれました。

・「何がすごいって」→「この驚くべき特徴は」

・「刺して使って」→「差し込んで使用し」

など、より日本語として適切な表現に変更してくれました。太字で書いた部分もそのまま残しておいてくれるのもありがたいです。敬語で書いていない文章も直してもらいましょう。

チケット：**Skyscanner**

・数あるサイトの中から

最安のチケットを探してくれるサービス

。まじでこれしか使わない。
・例えば、Bookingだといくら、Expediaだといくら、のように最安を教えてくれる）

・メタサーチ

と呼ばれるビジネスモデルなので、チケットを取るのはまた別のサイト。
・Skyscanner→Tripドットコムに遷移してチケット取ることが僕は多い。

チケット：**Skyscanner**

・これは、数あるサイトの中から**最安のチケットを探してくれるサービス**です。本当にこれしか使わない。
・例えば、Bookingでの価格やExpediaでの価格など、最安値を教えてくれます。

・これは**メタサーチ**と呼ばれるビジネスモデルで、チケットの購入は別のサイトで行います。
・私の場合、SkyscannerからTrip.comに遷移してチケットを購入することが多いです。

筆者のツイートを直してもらいました。ほとんどの文章が敬語に変換されています。また、Notionに貼りつける際に改行などがずれたのですが、それも直してくれました。

☑ ポイント

☑ 誤字脱字が直せる

☑ 適切な表現にしてもらう

3-13 ＞ 出力を シンプルにする

情報量を減らす

Notion AIで、外からコピペしてきた文章を短くすることを筆者はよくします。具体例として、営業資料を作りたいとします。その際、営業資料の骨子をわかりやすいように外からNotionにコピペしてきます。

骨子

1. **タイトルと導入部分:**
   - 魅力的で関心を引くタイトルを用意してください。
   - 資料の目的と、読者にとってのメリットを明確に述べます。
2. **問題の提示:**
   - 読者が直面している問題やニーズを明確に指摘します。
   - この問題がなぜ重要であるかを説明し、共感を得ることが重要です。
3. **解決策の提示:**
   - あなたの製品やサービスがどのようにしてその問題を解決できるかを示します。
   - 具体的な機能や利点を詳細に説明します。
4. **事例や証拠の提示:**
   - 成功事例、顧客の声、データや統計を用いて、提案の有効性を証明します。
   - ビジュアル要素（グラフ、図表、写真）を使って情報をわかりやすく伝えます。
5. **差別化要因の強調:**
   - 競合他社との違いを明確にし、なぜあなたの提案が優れているのかを説明します。
6. **呼びかけと行動促進:**
   - 読者に何をしてほしいか（例：問い合わせ、デモの予約、購入等）を明確に伝えます。
   - 読者が行動を起こすための簡単な手順や連絡先を提供します。
7. **連絡先と追加情報:**
   - 連絡先、ウェブサイト、SNS等の情報を提供します。
   - 追加情報や資料へのアクセス方法を明記します。

骨子ができたので、中身を埋めていきたいのですが、既に説明で埋まってしまっています(箇条書き部分)。そんなときに中身を消したいのですが、ひとつひとつ消していくのは面倒なのでNotion AIの出番です。

全体を選択し、「見出しだけを残して」とAIに依頼します。

Prompt　見出しだけ残して

5. 差別化要因の強調:
   - 競合他社との違いを明確にし、なぜあなたの提案が優れているのかを説明します。
6. 呼びかけと行動促進:
   - 読者に何をしてほしいか（例：問い合わせ、デモの予約、購入等）を明確に伝えます。
   - 読者が行動を起こすための簡単な手順や連絡先を提供します。
7. 連絡先と追加情報:
   - 連絡先、ウェブサイト、SNS等の情報を提供します。
   - 追加情報や資料へのアクセス方法を明記します。

見出しだけ残して

無事に、箇条書きを消してくれます。

1. タイトルと導入部分
2. 問題の提示
3. 解決策の提示
4. 事例や証拠の提示
5. 差別化要因の強調
6. 呼びかけと行動促進
7. 連絡先と追加情報

これで中身を埋めていくことができます。こういった細かい部分でAIを使いこなせると、日々の業務が少しだけ楽になります。

ポイント

- Notion AIに文章を減らしてもらう

3-14 › データを整える

コンマ区切りにする

ずれていたり余分な情報が入ってしまっているデータを、Notion AIを用いて簡単に直すことができます。例えば、メールを送信する場合に使えます。

aiueo@gmail.com、
qwerty@gmail.com、
12345@gmail.com、
6789@gmail.com

このようなメールの一覧をもらったとします。これを宛先にそのままコピペしても、認識されません。

本来は、メールアドレスの間がコンマ区切りである必要があります。そこで、Notion AIに形式を変更してもらいます。

Prompt　コンマ区切りに直して

aiueo@gmail.com、
qwerty@gmail.com、
12345@gmail.com、
6789@gmail.com
コンマ区切りに直して

これにより、きれいなデータ形式に直してくれました。

aiueo@gmail.com, qwerty@gmail.com, 12345@gmail.com, 6789@gmail.com

ChatGPTでも同様なことができますが、Notion上で管理しているデータの場合はNotion AIでやりましょう。

全角にする

コンマ区切りの他にもさまざまな形式に変換することが可能です。

Prompt 英語の全角にして

と伝えることで、半角表記を全角に直してくれます。

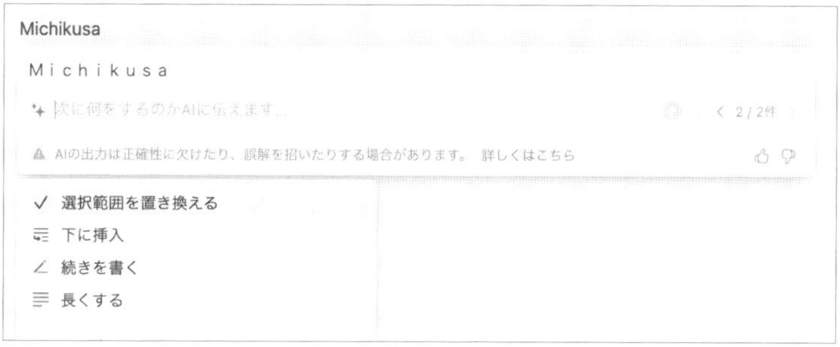

Michikusa
Ｍｉｃｈｉｋｕｓａ
次に何をするのかAIに伝えます… 2 / 2件
AIの出力は正確性に欠けたり、誤解を招いたりする場合があります。 詳しくはこちら
選択範囲を置き換える
下に挿入
続きを書く
長くする

あるいは、申し込みフォームの入力などでよく出てくるカタカナ指定にももちろん対応しています。

こういった操作がNotion AIでできることを覚えておくと、日常のささいな作業も楽になっていきます。

ポイント

- Notion AIでデータを整える
- コンマ区切りが直せる
- 全角やカタカナ表記に変更できる

3-15 > テンプレートを作成する

中身の入っていない大枠を作る

Notionのテンプレート機能は、会議の議事録など毎回同じフォーマットを利用するのに便利です。そこでNotion AIでテンプレートを作成してみましょう。

Prompt　会議の議事録のテンプレートを絵文字付きで作成して

📌 日付：

👥 出席者：

💡 会議の目的：

📝 議題：

📎 議題1：

✔ 決定事項：

📎 議題2：

これで、中身の入っていない枠だけのテンプレートを作ることができました。もちろん、絵文字なしでも作れますし、詳細に中身を指定することもできます。まずはテンプレートをサクッと作り、あとは微調整しましょう。H2、H3なども設定してくれているのでゼロから作るより圧倒的に簡単です。

ポイント

- テンプレートをNotion AIで作成する
- 絵文字もAIで自動でつける

>Chapter

4

データベースAI

4-1 操作方法について知る

データベースのプロパティとして挿入する

続いては、データベース上で動かすNotion AIについて紹介します。先ほどまでは、［AIに依頼］でNotion AIを操作していました。ここでデータベース上で動かすNotion AIの特徴は、プロパティの一種であるということです。

プロパティとは、前述のデータベース編でも出てきたように、タグや日付などブロックに対して情報を追加できる機能です。操作方法は簡単で、プロパティ追加のためにデータベースの［+］ボタンを押すと、プロパティの一覧の中に表示されます。

AIの種類

データベースのNotion AIは、5つの機能があります。

推奨
AIによる要約
AI：重要情報
AI：カスタム自動入力
Aあ AI翻訳

1、AIによる要約

本文の内容を要約して表示します。操作は最も簡単で、別途プロンプトを書く必要はありません。

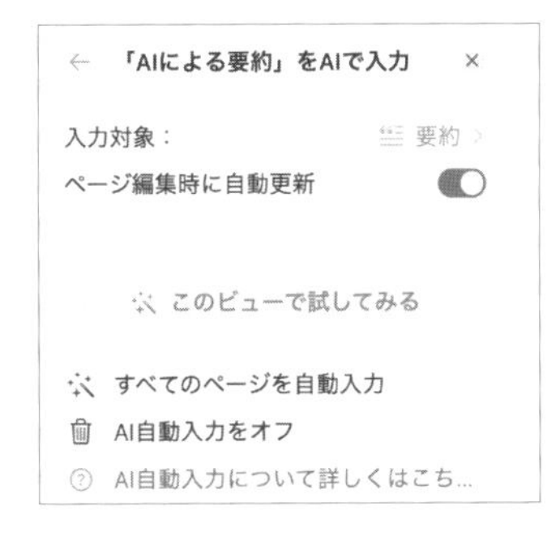

2、AI：重要情報

本文の内容から指定した箇所を抜き出します。例えば、議事録データベースからネクストアクションだけを抽出する、といった使い方です。

3、AI：カスタム自動入力

自由にAIに指示して文章を生成できます。[AI:重要情報] がただ本文の情報を抜き出すだけなのに対して、[カスタム自動入力] は [AIに依頼] と同様に、文章を生成したりすることなども可能です。例えば、本文に書かれたキーワードをもとに物語を生成する、といったような使い方ができます。

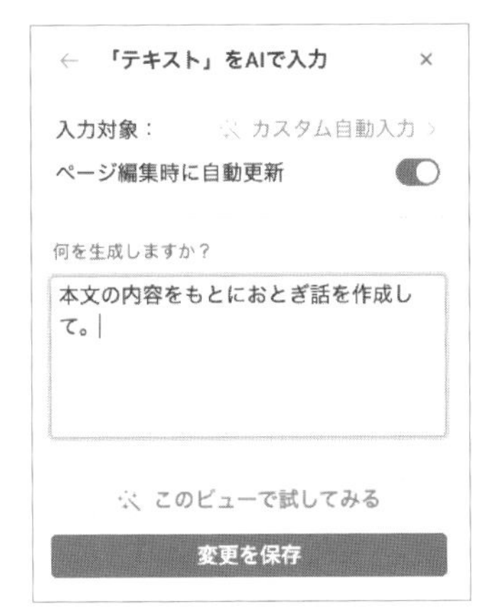

4、AI翻訳

非常にシンプルで、本文を別の言語に変えてくれます。

5、AIキーワード

新しく追加された機能で、タイトルからタグを予測して生成することが可能です。

ポイント

- データベース上でNotion AIを動かす
- 5つのAIプロパティの特徴を理解し最適なものを選ぼう

4-2 › 要約を作成する

データベースの本文に記事を入れよう

プロパティのNotion AI［AIによる要約］を使って、データベースにためた記事の要約を生成します。データベースに記事を保存する方法については、前述の「記事を保存する」で紹介した通りです。ただ、記事を保存しておいても量が増えてくると、パッと見ではどの記事にどんな内容が書いてあったのかわからなくなってきます。そういったときにNotion AIが役に立ちます。

Articles

View all　フィルター

Aa Name	URL
Salesforce社内で2018年1番バズった営業ノウハウ資料を作者が解説!!part1 ｜ DJ141	https://note.com/dj141/n/nff4fb427d2de
企業のトップにアプローチする手紙の書き方 ｜ DJ141	https://note.com/dj141/n/n2d6ecc138225
これを読めばエンタープライズ向けの営業も怖くないぞ!!っていう話。壁3つ編 ｜ DJ141	https://note.com/dj141/n/n6e3b03f6f90e
生成AI 日本での認証制度づくりに企業が新たな業界団体設立へ ｜ NHK	https://www3.nhk.or.jp/news/html/20231023/k10014233641000.html
Microsoft 365 Copilot requirements	https://learn.microsoft.com/en-us/microsoft-365-copilot/microsoft-365-copilot-requirements
【リクルート出木場】100倍の結果を出す、成長戦略3つのポイント	https://newspicks.com/news/5948738/body/

データベースにAIプロパティを挿入しよう

本文に記事が入ったデータベースを作ることができたら、実際にNotion AIによる要約を入れていきましょう。プロパティを追加する画面から、［AIによる要約］を選択してください。

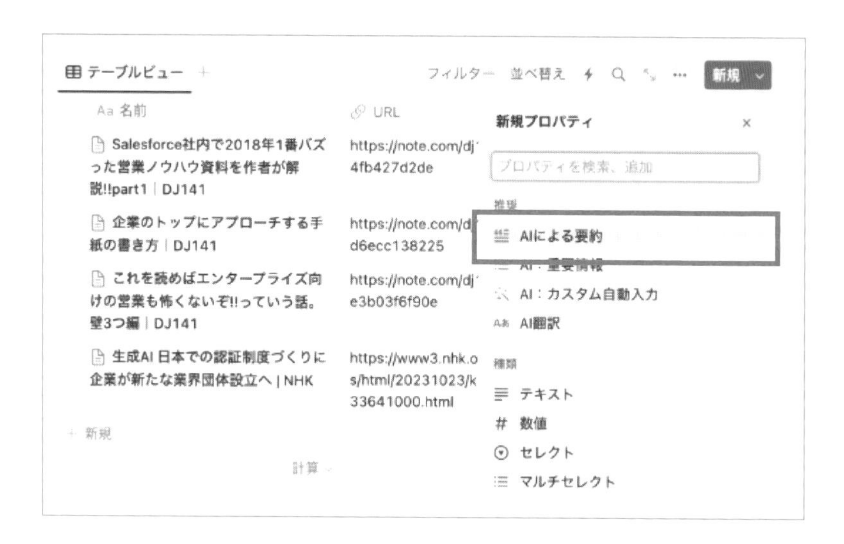

［AIによる要約］の場合は自分でその他に設定しなければならないプロパティなどはありません。

［AIによる要約］を追加したら、［このビューで試してみる］をクリックし、実際に要約を生成しましょう。

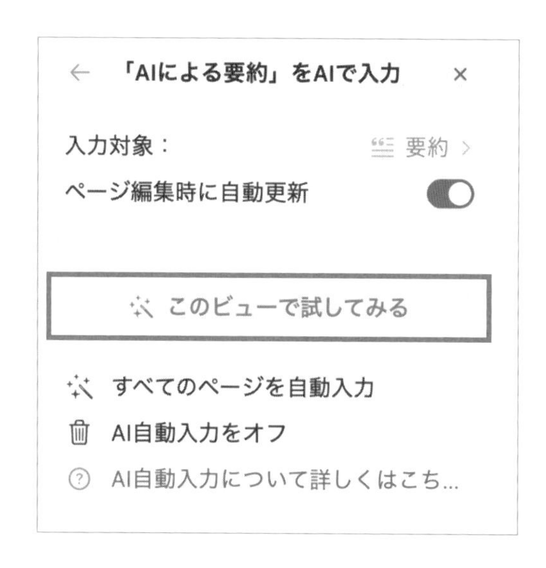

Aa 名前	URL	AIによる要約 AI
Salesforce社内で2018年1番バズった営業ノウハウ資料を作者が解説!!part1｜DJ141	https://note.com/dj141/n/nff4fb427d2de	この記事では、Salesforce社内で2018年に最も話題になった営業ノウハウ資料とその解説が紹介されています。資料は商談で聞きたいことや具体的なトーク例、トーク例のポイント、聞き出したい真意まで明確にしています。ただし、この資料をそのまま実践しても100%成果が出るわけではないため、営業のタイプに合わない場合は早めに判断してやめることが重要です。また、フェーズの理解やフェーズごとのトーク例も紹介されています。
企業のトップにアプローチする手紙の書き方｜DJ141	https://note.com/dj141/n/n2d6ecc138225	この記事では、企業のトップにアプローチする手紙の書き方について紹介されています。手紙の効果的な書き方や、具体的な内容のポイントなどが解説されています。手紙を送る際には、差別化や興味関心を引くための工夫が必要であり、手紙の内容や体裁にも注意が必要です。 更新
これを読めばエンタ 開く イズ向けの営業も怖くないぞ!!っていう話。壁3つ編｜DJ141	https://note.com/dj141/n/n6e3b03f6f90e	
生成AI 日本での認証制度づくりに企業が新たな業界団体設立へ | NHK	https://www3.nhk.or.jp/news/html/20231023/k10014233641000.html	日本での認証制度づくりを目指し、企業が参加する新たな業界団体「AIガバナンス協会」が設立される予定です。この団体は生成AIの安全性や正確性などの認証を付与する制度を作り、知見共有や政府への提言も行います。19社が参加し、来年4月に設立し認証制度を開始する予定です。

AIの動作には波があり、うまく要約が生成されない場合もあります。そのときは、セルを選択し右上の［更新］ボタンを押すことで、再度要約を生成することが可能です。このように要約を作ることで、過去に保存した記事がどんな内容だったか、一瞬で俯瞰してみることが可能です。この方法はXで紹介したNotion AIの活用事例の中でも最もバズったもののひとつです。ぜひ試してみてください。

ポイント

- データベースに記事を保存するところから始める
- 「AIによる要約」で保存した記事の要約を生成する

4-3 日本語訳を作成する 

プロパティを日本語に直そう

データベースのAIプロパティ［AI翻訳］を利用することで、タイトルやプロパティに入れた言葉を日本語に直すことが可能です。

プロパティを追加し、AI翻訳を選択したら、オプション「何を翻訳しますか」と「翻訳先の言語」を自分の利用する状況に合わせて選びましょう。

ここでは、プロパティ「名前」を日本語に直すように設定しました。［このビューで試してみる］を押すことで、無事に「I eat apples」を「私はリンゴを食べます」と翻訳してくれました。

本文を翻訳しよう

［AI翻訳］はタイトルやタグなどのプロパティを翻訳することしかできず、本文の翻訳をすることはできません。そこで、次は本文の翻訳をする方法を紹介します。

まず、データベースに英語の記事を入れてみましょう。先ほど同様、Save To Notionを用いて記事を保存します。

Getting Started with Notion

Notion is a powerful tool that brings together all your work in one place. You can write, plan, collaborate, and organize with Notion. It's flexible and customizable to handle a wide range of tasks and workflows.

Installing Notion

You can use Notion on your computer by downloading the app, or you can use it in your web browser. To get started, create an account and log in.

Understanding the Notion Interface

The Notion interface is clean and intuitive. On the left, you have the sidebar where you can access your pages and workspaces. In the center, you have the main workspace where you can create, edit, and view your pages.

Creating Pages

Creating a new page in Notion is simple. Click on the "+ New Page" button in the sidebar, then choose a template or start from scratch. You can then add different types of content blocks like text, images, lists, and more.

英語の記事を用意したら、プロパティを追加し［カスタム自動入力］を選択します。

カスタム自動入力は自由にAIに指示を出すことができるので、ここでは「本文を日本語に直して」と書いてみましょう。

Prompt　**本文を日本語に直して**

入力対象：　カスタム自動入力 >
ページ編集時に自動更新
何を生成しますか？
本文を日本語に直して
このページで試してみる
すべてのページを自動入力

すると、指示通り本文の内容を翻訳し表示してくれました。

ポイント

- [AI翻訳]を用いてプロパティを日本語にする
- 本文を日本語訳するときは「カスタム自動入力」に指示を出す

4-4 ＞ 多言語翻訳する

日本語を英語にしよう

先ほどは英語を日本語にしましたが、次は日本語を英語にしましょう。

手順は変わりません。先ほど同様、プロパティを追加し［AI翻訳］を選択して、オプションの「何を翻訳しますか？」でプロパティ「名前」、「翻訳先の言語」で「英語」を選択します。［このビューで試してみる］を押すと、無事に英訳してくれました。

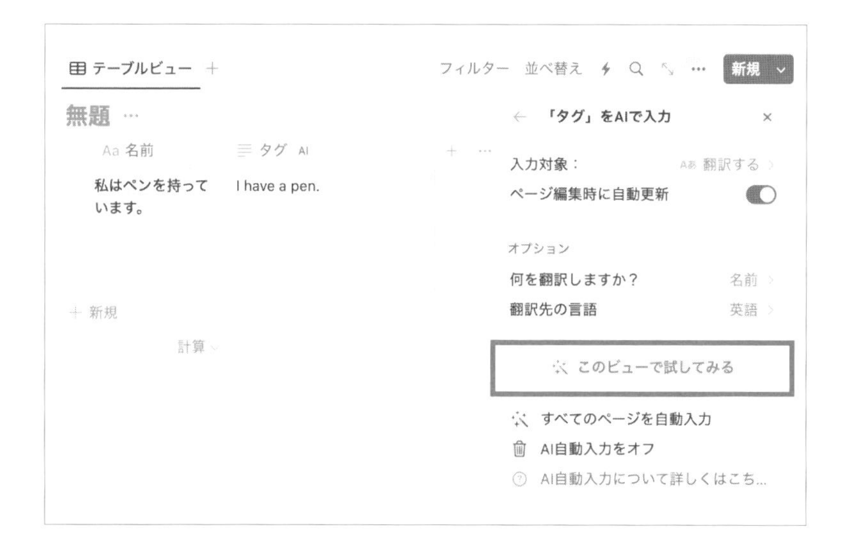

多言語翻訳してみよう

AI翻訳プロパティは、複数個追加することが可能です。先ほどと同じ手順で［AI翻訳］を追加し、今度は「翻訳先の言語」を「スペイン語」にしてみます。

同様に、中国語と韓国語のプロパティも追加し、わかりやすいようにすべてのプロパティ名を言語と統一しておきます。

あとは、セル右上の［更新］ボタンを押して、翻訳を入れていきます。

すべてのプロパティに、翻訳が追加されました。

Aa 名前	英語 AI	スペイン語 AI	中国語 AI	韓国語 AI
私はペンを持っています。	I have a pen.	Yo tengo un bolígrafo.	我有一支笔。	나는 펜을 가지고 있습니다.

なお、この機能で翻訳できるのは14言語です。

それ以外の言語に翻訳したい場合は、カスタム自動入力で「○○語に直して」と伝えましょう。

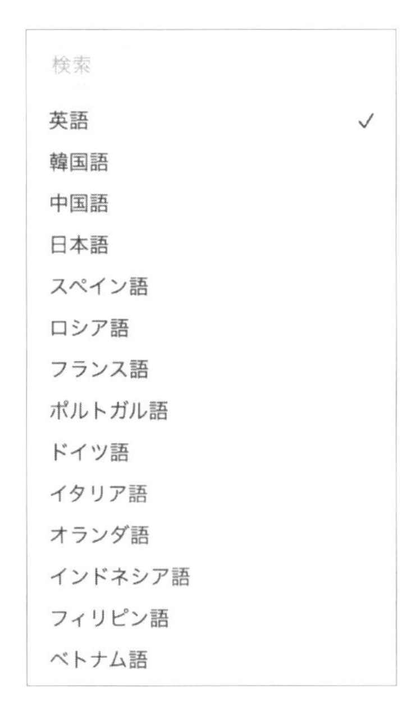

Prompt　タイ語に直して

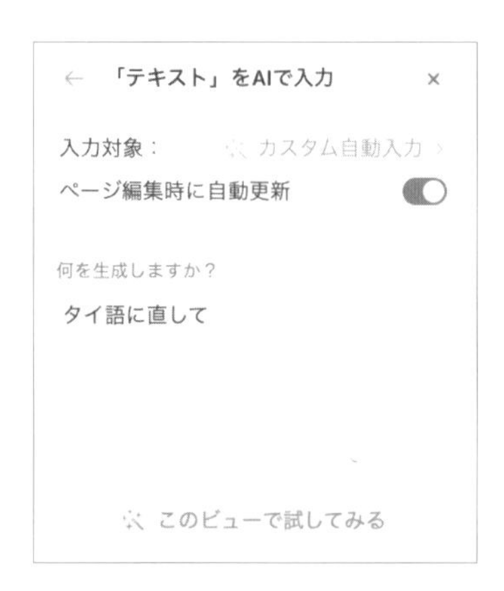

翻訳機能では存在しないタイ語でしたが、問題なく翻訳することができました。AIが学習したことのないようなニッチな言語でなければ、プロンプトで指定することで翻訳することが可能です。

ポイント

- [AI翻訳]を用いて日本語を英語にできる
- [AI翻訳]を複数用いて、同時に複数言語に翻訳できる

4-5 › Q&Aを作成する

記事からQ&Aを作成する

少しユニークな、カスタム自動入力の活用事例を紹介します。

記事を保存して要約を作る方法を紹介しましたが、ここでは要約ではなく問題を作りたいと思います。本文をQ&A形式にすることで、理解を深めることが可能です。プロパティを追加し、[カスタム自動入力] を選択します。

Prompt　**本文の内容から、Q&Aを作成してください**

テーブルビュー　＋　フィルター　並べ替え　…　新規

DB_記事のQ&A

Aa 名前　URL

Notion (ノーション)の料金プラン：フリー、プラス、ビジネス、エンタープライズ、AI　notion.so/ja-...ricing

←「タグ」をAIで入力　×

入力対象：カスタム自動入力

ページ編集時に自動更新

何を生成しますか？

本文の内容をからQ&Aを生成してください。

このビューで試してみる

変更を保存

すべてのページを自動入力

AI自動入力をオフ

AI自動入力について詳しくはこち...

そうすることで、本文からQ&A形式の問題を生成してくれます。

田 テーブルビュー

DB_記事のQ&A

Aa 名前	URL	タグ
Notion (ノーション)の料金プラン：フリー、プラス、ビジネス、エンタープライズ、AI	https://www.notion.so/ja-jp/pricing	**Q: Notion AIアドオンプランでは、どのくらいAIを使用できますか？** A: Notion AIアドオンを購入すると、ワークスペース内のすべてのユーザーがNotion AIを無制限に使用できます。 **Q: Notion AIの無料トライアルはありますか？** A: はい、Notion AIは誰でも無料でお試しいただけます。無料のAI応答はワークスペースのメンバー数に応じて提供され、ワークスペース全体で共有されます。 **Q: 年間請求の20%割引の対象となるのは誰ですか？** A: 年払いのプラス、ビジネス、エンタープライズのサブスクリプションをご利用の場合、Notion AIをメンバー1人あたり月額US$8でプランに追加でき、月払いよりも20%割引になります。 **Q: Notion AIはデータをどのように使用しますか？** A: Notion AIは、お客様がデータの共有に同意しない限り、モデルのトレーニングにお客様のデータを使用しません。Notion AIを活用するために使用される情報は、Notion AI機能を提供するこ

何問くらい生成するかは、「Q&Aを5問生成して」などとプロンプトをいじることで調整可能です。また、回答が長い場合は「短答形式で」と指示するのも有効です。

授業ノートからQ&Aを作成する

本書冒頭で紹介したように、Notionで授業ノートを取っている場合、このQ&Aは知識の定着に非常に役に立ちます。先ほどとプロンプトは同じで、授業ノート用のデータベースにカスタム自動入力を入れてみましょう。

Aa Name	備考	AIによる要約 AI	Q&A AI
12/13 開く	人類学とは何	人類学は、人間と他の動物の違いを探求し、社会・文化の多様性と共通性を探ることを目的としています。文化と社会の違いは、文化が知覚できないものであり、社会が知覚できるものであることが特徴的です。人類学で最も大事にしている理念は、文化と社会の違いを明確にすることであり、人ということにフォーカスしています。	**Q: 人類学とは何か？** A: 人類学は人間の普遍性や社会・文化の多様性を探求する学問です。 **Q: 人類学の目的は何ですか？** A: 人類学の目的は、人間（人類）が他の動物とどこが違うかを探求し、社会・文化の多様性と共通性を探ることです。 **Q: 文化とは何ですか？** A: 文化は、知覚できないものであり、知識、価値観、信念などが継承されるものです。 **Q: 社会とは何ですか？** A: 社会は、人々が共有する文化や制度、政治などの知覚できるものです。 **Q: 文化相対主義とは何ですか？** A: 文化相対主義は、文化や社会をその文脈において理解し、評価することを重視する考え方です。 **Q: 人類学で最も重要な理念は何ですか？** A: 人類学で最も重要な理念は、文化と社会の違いを明確にすることであり、人間の違いと普遍性に焦点を当てています。

授業ノートからQ&Aを生成し、見返すだけで重要項目を復習することができます。[AIによる要約] もセットで入れることもおすすめします。

ポイント

- 保存した記事にQ&Aを追加する
- 取った授業ノートにQ&Aを追加する
- カスタム自動入力によるQ&Aの生成で、コンテンツを復習する習慣をつける

4-6 › 重要情報を抜き出す

会議からネクストアクションを抜き出す

Notion AIの機能［AI：重要情報］を試してみましょう。要約や翻訳、カスタム自動入力が、元の情報をもとにそれを別の形に変換したりするのに対し、［AI：重要情報］は情報をそのまま抜き出す特徴があります。

そのため、あえて形を変えずに情報を取得したい場合などに役に立ちます。

例えば、毎週Notionでとっている会議の議事録の中からネクストアクションだけを取り出す、といったことも可能です。

プロパティを追加し、［AI：情報入力］を選択し、「ネクストアクション」と記述します。

Prompt　ネクストアクション

プロンプト記載後［このビューで試してみる］を押すことですべての会議にネクストアクションを追加できました。なお当然ですが、元の会議にはネクストアクションという見出しを明確にしておかなければなりません。

［AI：重要情報］はあくまで抜き出しなので、乱雑に書かれた会議の内容からネクストアクションを推察する、といった用途では使用できません。Notion AI側にとってわかりやすく毎回同じものを認知できる場合にこの機能を利用しましょう。

なお、文中では「ネクストアクション」という見出しであっても、重要情報の抜き出しで「次回までの動き」等類似の文章であれば読み取ることができます。これは、LLMの原理である"ベクトル"という概念が「ネクストアクション」「次回までの動き」と近いからです。興味がある方は是非調べてみてください。

☑ ポイント

- ☑［AI：重要情報］の特徴を理解する
- ☑ 議事録からネクストアクションを抽出する

4-7 〉行ったお店を記録する

グルメサイトからページを保存する

行ったお店の管理をNotion上で行う方法を紹介します。

Google Mapやインスタで保存する、マメな人はExcelで管理する、など訪れて良かったお店などを保存する方法はたくさん存在します。ここではどちらかというとマメな人向けの方法を紹介します。

まずは保存先のデータベースを作成します。そのあと、食べログ等のグルメサイトで、保存したいお店にアクセスします。

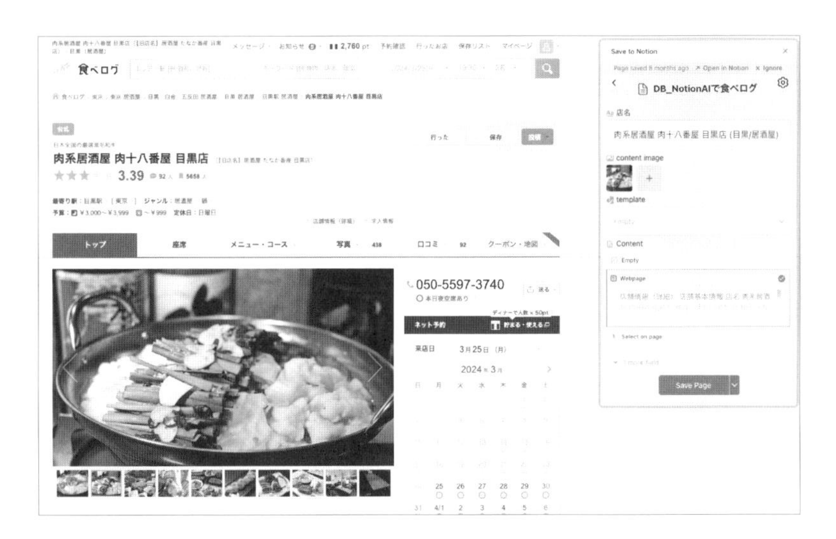

本書「記事を保存する」で利用したSave to Notionを立ち上げ、保存先のデータベース［Content］から［Webpage］を選択し、［Save Page］をクリック。無事にサイトが保存されていることを確認しましょう。

目黒駅5分◆数量限定！職人が焼き上げるA5黒毛和牛の炭火焼は必食♪お得な飲放付コースも充実

●天草本店『ミシュランガイド熊本・大分 2018 特別版』【ビブグルマン】に選出

●自社牧場直送 最高級A5ランク 黒毛和牛

●熊本県馬刺

★☆★29日は肉の日！！★☆★

黒毛和牛盛り合わせ、炭火焼き盛り合わせが半額

★☆★9日19日は特売会の日！！★☆★

炭火焼き盛り合わせが半額。

※上記のキャンペーンの日が定休日の場合、翌営業日に実施予定ですが、

変更の場合があるので、直接店舗までお問合せ下さい。

重要情報を抜き出す

ページを保存し終わったら、あとは［AI：重要情報］を用いて、自分が確認したい情報を抜き出していきます。ここでは、営業時間、メニュー、交通手段を抜き出してみます。

Prompt　営業時間　メニュー　交通手段

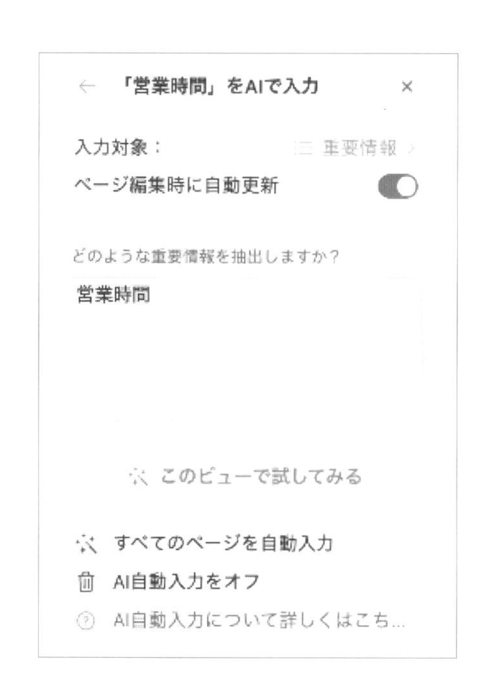

［AI：重要情報］プロパティを3種類選択し、完成です。

テーブルビュー　フィルター　並べ替え　新規

DB_NotionAIで食べログ

店名	営業時間 AI	交通手段 AI	メニュー AI	URL
居酒屋 たなか畜産 目黒店 (目黒/居酒屋)	11:30〜23:30 (L.O.23:00)	目黒駅から徒歩5分	【4,000円コース】炭火焼3種(豚・鶏・牛）が楽しめるコース◆6品+2時間飲み放題付◆女子会・会社仲間にオススメ♪※税込価格です ^^ 【5,000円コース】黒毛和牛入り炭火焼4種盛&馬刺し＋肉寿司が楽しめるコース◆8品+2時間飲放題付♪※税込価格です ^^	https://tabelog.com/tokyo/A1:
そま莉 (目黒/日本料理)	[月〜金]17:00〜23:00(L.O.22:00) [土]17:00〜23:00(L.O.22:00)	目黒駅から徒歩3分。	...リピートNo.1...【特選桜肉尽しコース】そま莉名物の桜肉しゃぶしゃぶに霜降り肉のにぎり寿司！桜肉のヒレカツなど、贅沢コース！10品 『極上桜肉しゃぶしゃぶ』単品（人数分）※本日おすすめの２種類の桜肉の盛合わせ1品 【熊本城コース】馬しゃぶ・辛子れんこん・天草大王・馬にぎり・その他熊本に纏わる人気メニューが入っているコース！9品	https://tabelog.com/tokyo/A1:
和神 (目黒/[illegible]屋)	営業時間 ランチ 11:30〜14:00（土日休み ディナー 17:00〜23：00 日曜定休日（年末年始は31日から1月4日まで）	ＪＲ目黒駅西口徒歩３分 目黒駅から299m	- 雪鍋コース（白金豚しゃぶしゃぶ鍋付）＜全6品＞ - 花コース＜全10品＞ - 野菜料理にこだわる、魚料理にこだわる、健康・美容メニューあり - 日本酒あり、焼酎あり、ワインあり、カクテルあり、日本酒にこだわる、焼酎にこだわる、ワインにこだわる、カクテルにこだわる	https://tabelog.com/tokyo/A1:
Laugh 目黒店 (目黒/イタリアン)	【テイクアウト】 お惣菜&お弁当販売 11:30〜22:00 【店内】 ＜ランチ＞11:30〜15:00(L.O14:00) ＜ディナー＞17:30〜22:30(L.O21:30) 日曜営業 定休日 不定休	目黒駅徒歩10分	6/1からの新コース【1日1組様限定7品4500円】若鶏の炭火焼き×自慢のパスタのメイン2種含む満足プラン8品 6/1からの新コース【初めてご来店されるお客様に!!1日3組様限定8品5500円】名物の前菜盛合せ×炭火鶏×自慢のパスタ2種含むメイン3品の最高満足プラン8品 6/1からの新コース【9品7000円】炭火牛×炭火合鴨の2種から選べるメイン付。名物の前菜盛合せ×マグロ頬肉ステーキ×自慢のパスタ2種含むメイン4品の大満足プラン9品	https://tabelog.com/tokyo/A1:

また、データベース左上の［テーブルビュー］をクリックし［ビューを追加］から［ギャラリー］を選択します。

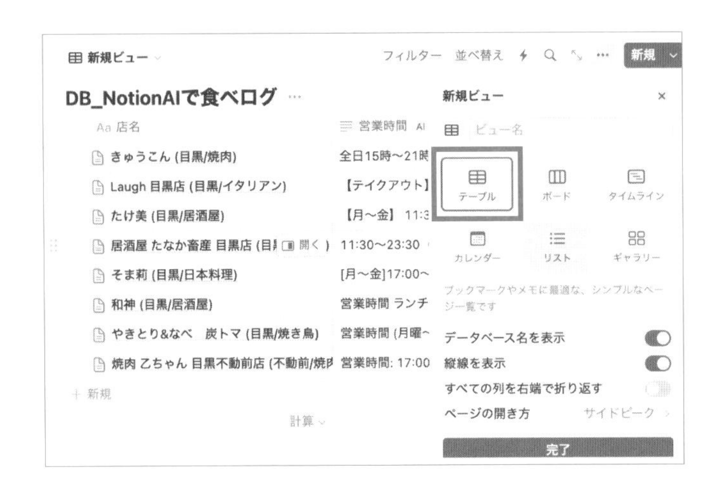

すると、画像つきのデータベースにすることが可能です。

ポイント

- お店をSave to Notionで保存して管理する
- [AI：重要情報] を用いてお店の情報を抜き出す
- 「ギャラリービュー」で画像を表示する

4-8 › 絵文字だけで表す

日記を書く

ユニークなNotion AIの利用手順を紹介します。

まずは、Notionで日記を書いているデータベースを用意します。日記を書く際は、テンプレート機能を用いて書いていくのがおすすめです。何も定めずに自由に書きたいという方はもちろんそれでも構いません。筆者は普段、うれしかったこと、感じたこと、学んだことの3つを書くテンプレートを利用しています。

日記のテンプレート

タグ　未入力

＋ プロパティを追加する

コメントを追加...

嬉しかったこと

- リスト

感じたこと

- リスト

学んだこと

- リスト

テンプレートを利用し日記を書いていきます。

20250801

タグ　　未入力

＋ プロパティを追加する

コメントを追加...

嬉しかったこと

- 商談がうまく行った
- ジムでしっかりと運動できた
- 夜は美味しいご飯を食べれた

感じたこと

- 営業はつまらない仕事ではない
- 早起きしたら1日が長かった

学んだこと

- ジムにしっかりいくとモチベーションが上がる
- 高いご飯は生きる上で重要

絵文字だけで表す

日記を書いたら、それを絵文字だけで表してみましょう。プロパティを追加し、［AIカスタム自動入力］を選択します。そこにプロンプトを記載します。

Prompt

本文の内容を絵文字だけで表してください。絵文字以外の文章などは一切出力しないでください。

絵文字だけで表すことで、その日自分が何をしていたかを直感的に表すことができます。

ポイント

- ☑ 日記をNotionで書く
- ☑ カスタム自動入力で日記の内容を絵文字で表す

4-9 › 関数を作成する

データベース上で簡単な計算を行う

Notionには、データベースを用いることでExcelのような計算を行うことができる機能が備わっています。数値プロパティを追加し、計算をしてみます。データベースに数字を入れて、一番下の［計算］をクリックすることで、複数のオプションから好きな計算結果を得ることが可能です。

テーブルビュー

Aa 店舗名	客数	# 利益
店舗A	50	¥50,000
店舗B	75	¥100,000
店舗C	60	¥75,000
店舗D	70	¥90,000
店舗E	55	¥60,000
店舗F	80	¥115,000
店舗G	85	¥105,000
店舗H	90	¥125,000
店舗I	65	¥85,000
店舗J	70	¥95,000

＋ 新規

計算 ∨　計算 ∨　計算 ∨　計算 ∨

なし
すべてカウント
値の数をカウント
一意の値の数をカウント
未入力をカウント
未入力以外をカウント
未入力の割合
未入力以外の割合
合計
平均
中央値
最小
最大
範囲

ここでは平均値を求めてみました。

店舗名	売上	客数	利益
店舗A	¥100,000	50	¥50,000
店舗B	¥200,000	75	¥100,000
店舗C	¥150,000	60	¥75,000
店舗D	¥180,000	70	¥90,000
店舗E	¥120,000	55	¥60,000
店舗F	¥230,000	80	¥115,000
店舗G	¥210,000	85	¥105,000
店舗H	¥250,000	90	¥125,000
店舗I	¥170,000	65	¥85,000
店舗J	¥190,000	70	¥95,000
カウント 10	平均 ¥180,000	平均 70	平均 ¥90,000

関数を作成する

単独の列だけではなく、複数の列同士で計算を行う場合などは、Excel同様に関数を記載する必要があります。プロパティを追加し、[数式] を選択しましょう。選択後は、既存のプロパティに数式を追加していきます。

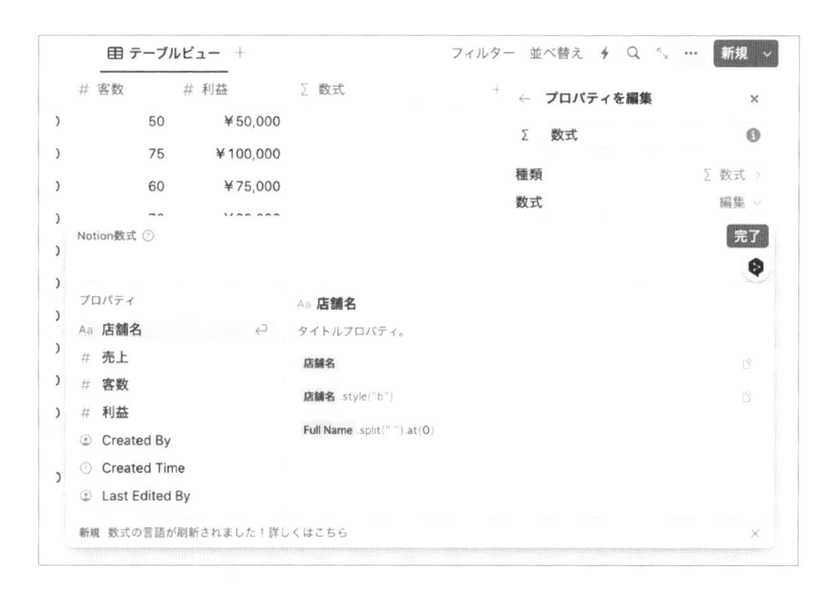

例えば、利益率を求めるために利益を売上で割りたい場合、数式は次のようになります。この［利益］と［売上］はプロパティの名前であり、左側から選択します。

［利益］/［売上］

これにより、利益率を示すプロパティが追加されました。

テーブルビュー　フィルター　並べ替え　新規

Aa 店舗名	# 売上	# 客数	# 利益	Σ 数式
店舗A	¥100,000	50	¥50,000	50%
店舗B	¥200,000	75	¥120,000	60%
店舗C	¥150,000	60	¥30,000	20%
店舗D	¥180,000	70	¥45,000	25%
店舗E	¥120,000	55	¥30,000	25%
店舗F	¥230,000	80	¥23,000	10%
店舗G	¥210,000	85	¥10,500	5%
店舗H	¥250,000	90	¥12,500	5%
店舗I	¥170,000	65	¥85,000	50%
店舗J	¥190,000	70	¥38,000	20%
＋ 新規				
カウント 10	平均 ¥180,000	平均 70	平均 ¥44,400	

なお、数値の形式を円表記や%表記にしたい場合、変更したいプロパティを選択し［プロパティを編集］から［数値の形式］を選択することで変更可能です。

テーブルビュー　フィルター　並べ替え　新規

Aa 店舗名	# 売上	# 客数	# 利益	∑ 数式
店舗A	¥100,000	50	¥50,000	50%
店舗B	¥200,000	75	¥120,000	60%
店舗C	¥150,000	60	¥30,000	20%
店舗D 開く	¥180,000	70	¥45,000	25%
店舗E	¥120,000	55	¥30,000	25%
店舗F	¥230,000	80	¥23,000	10%
店舗G	¥210,000	85	¥10,500	5%
店舗H	¥250,000	90	¥12,500	5%
店舗I	¥170,000	65	¥85,000	50%
店舗J	¥190,000	70	¥38,000	20%
+ 新規				
カウント 10	平均 ¥180,000	平均 70	平均 ¥44,400	

← プロパティを編集　×
∑ 数式
種類　∑ 数式
数式　編集
数値の形式　パーセント
表示方法
42
ビューで非表示
このビューでは折り返す
プロパティを複製
プロパティを削除
数式について詳しくはこちら

ここではもともとそのままの表記だった［数式］を%表記に変更しています。

Notion AIに関数の記載を依頼する

Notionの数式はExcelの書き方と同じではありません。そのため少し習得には時間がかかります。そこで、Notion AIに数式を書いてもらいましょう。

ここでは、利益率が30%以上のときと、30%の未満のときで表記を変える数式を書いてもらいます。自分のやりたいことをそのままNotion AIに依頼しましょう。データベースのプロパティではなく、通常の画面で［AIに依頼］から実行します。

≡ Prompt

プロパティ（利益率）が0.3以上だったら🟢（緑丸）、0.3未満なら🔴（赤丸）と表記するNotion AIの数式を書いてください

プロンプトを入力すると、数式を出力してくれました。

これをそのままプロパティ［数式］に入力します。

想定通りの出力をしてくれました。

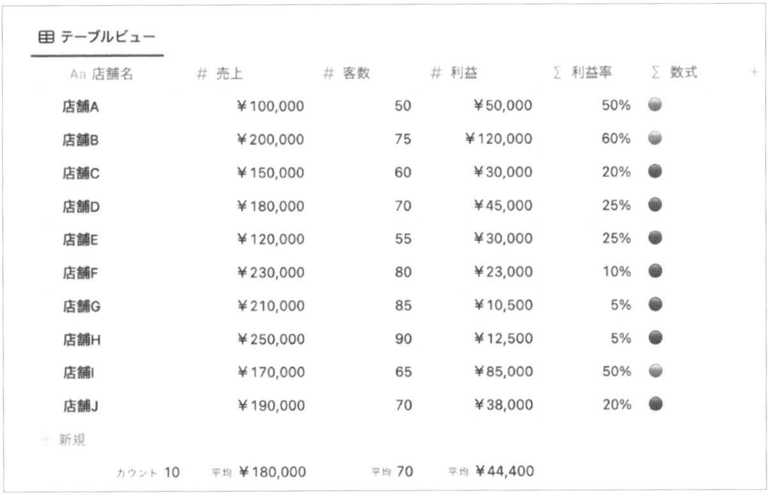

テーブルビュー

Aa 店舗名	# 売上	# 客数	# 利益	∑ 利益率	∑ 数式
店舗A	¥100,000	50	¥50,000	50%	
店舗B	¥200,000	75	¥120,000	60%	
店舗C	¥150,000	60	¥30,000	20%	
店舗D	¥180,000	70	¥45,000	25%	
店舗E	¥120,000	55	¥30,000	25%	
店舗F	¥230,000	80	¥23,000	10%	
店舗G	¥210,000	85	¥10,500	5%	
店舗H	¥250,000	90	¥12,500	5%	
店舗I	¥170,000	65	¥85,000	50%	
店舗J	¥190,000	70	¥38,000	20%	
+ 新規					
カウント 10	平均 ¥180,000	平均 70	平均 ¥44,400		

ポイント

- Notion でExcelのような計算をデータベースで行う
- 数式を利用し高度な計算をする
- 高度な計算はNotion AIで数式を書いてもらう

4-10 > タグを自動生成する

AIキーワード設定

Notion AIのデータベースにある[AIキーワード]とは、本文から関連するタグを自動的に生成してくれる画期的な機能です。他のAIプロパティと同様に、新規プロパティから追加します。[AIキーワード]を選択しましょう。

追加したら、そのまま更新してみます。

[すべてのページを自動入力]を選択してAIキーワードを入力してもらいましょう。

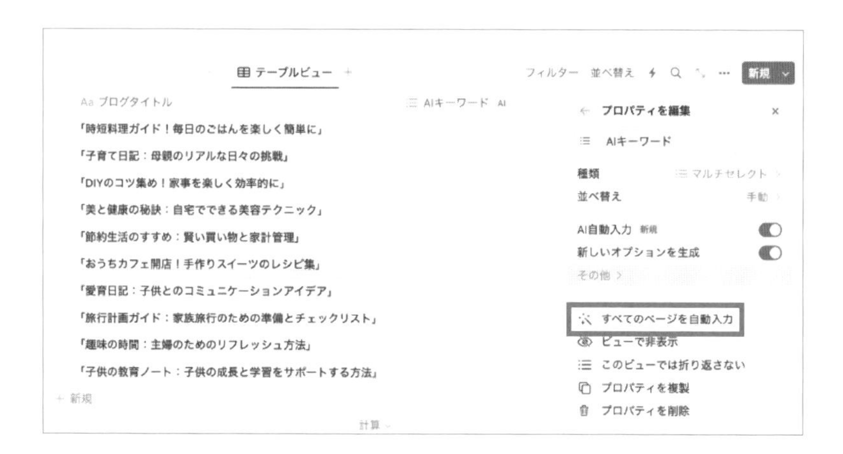

自動でキーワードが入りました。

Aa ブログタイトル	AIキーワード
「時短料理ガイド！毎日のごはんを楽しく簡単に」	時短料理ガイド 毎日のごはん 簡単に
「子育て日記：母親のリアルな日々の挑戦」	子育て 日記 母親
「DIYのコツ集め！家事を楽しく効率的に」	Diy Housework Efficient
「美と健康の秘訣：自宅でできる美容テクニック」	Beauty Health Home
「節約生活のすすめ：賢い買い物と家計管理」	節約生活 買い物 家計管理
「おうちカフェ開店！手作りスイーツのレシピ集」	おうちカフェ開店 Home Cafe Homemade Sweets Recipe Collection
「愛育日記：子供とのコミュニケーションアイデア」	子供とのコミュニケーション 愛育日記 コミュニケーションアイデア
「旅行計画ガイド：家族旅行のための準備とチェックリスト」	旅行計画ガイド 家族旅行 準備とチェックリスト
「趣味の時間：主婦のためのリフレッシュ方法」	リフレッシュ方法 Refresh Method Hobby Time Main Topic
「子供の教育ノート：子供の成長と学習をサポートする方法」	Education Growth Learning

出力を整える

自動で作らせたキーワードでは、英語と日本語が混じる他、中身もかなり具体的になってしまうため、実用的な活用をするためにはプロンプトを調整する必要があります。

ここでは、Notionでブログを作った際にタグづけすることを想定してプロンプトを調整します。［プロパティを編集］→［その他］から、下記のプロンプトを入れます。

≡ Prompt

ブログのジャンルを必ず日本語で出力して。例「料理」「節約」「子育て」

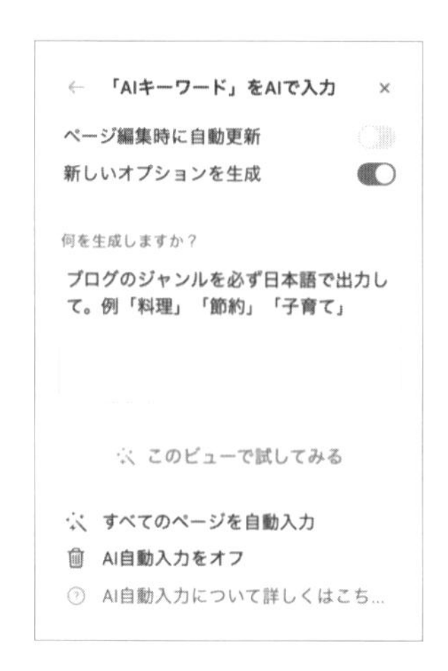

これでAIを試すと、先ほどより出力の精度が安定します。

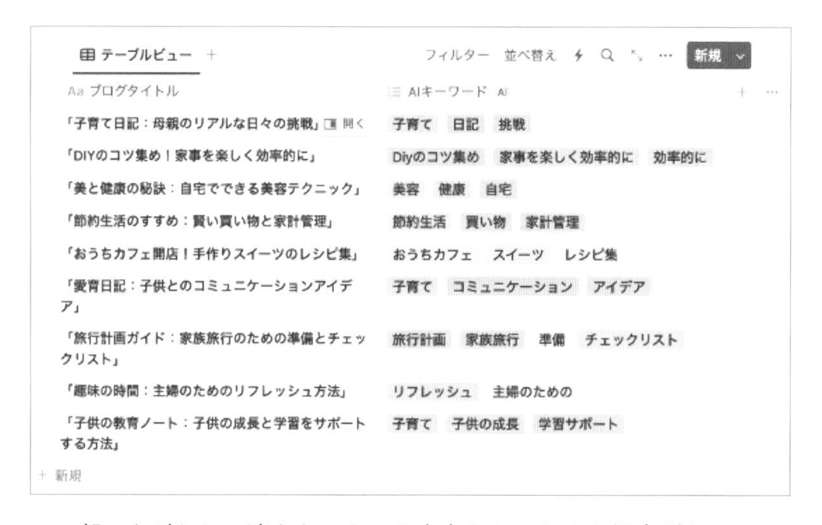

一部、タグとして適さないものも出力されてしまう場合があるので、手で修正しましょう。

☑ ポイント

- ☑ AIでキーワードを自動生成する
- ☑ ブログのタグを自動生成する

4-11 > タグを予測入力する 

データベースのAIプロパティ［AIキーワード］でタグを自動入力する方法を紹介しました。次は、タグ自体は自分で作り、それを自動で入れてもらう方法について紹介します。

先ほど同様、新規プロパティから［AIキーワード］を選択し追加します。そのあと、普段タグをつけるのと同様に、タグの選択肢を手動で増やしていきます。

テーブルビュー
Aa ブログタイトル
AIキーワード 1 AI
更新
"お金を節約するための家庭料理レシピ"
"子供のための健康的なスナック作り"
"家事の効率化テクニック"
"自宅で楽しむDIYプロジェクト"
"主婦のための自己啓発ガイド"
"美しく整理整頓：収納のアイデア"
"手作りの健康食品のレシピ"
"自宅でのフィットネスルーチン"
"自宅での子供との楽しい活動"
ヘルスケア ×
オプションを選択するか作成します
育児
DIY
美容
節約
子育て
旅行
運動
ヘルスケア

［プロパティを編集］を開き、［新しいオプションを生成］を無効にします。これにより、自分が入れたプロパティのみが追加されるようになります。

プロパティを編集
AIキーワード 1
種類　セレクト
並べ替え　手動
AI自動入力 新規
新しいオプションを生成
その他
オプション
育児
DIY
美容

あとは、プロパティ名をクリックし、［すべてのページを自動入力］を押せば完了です。

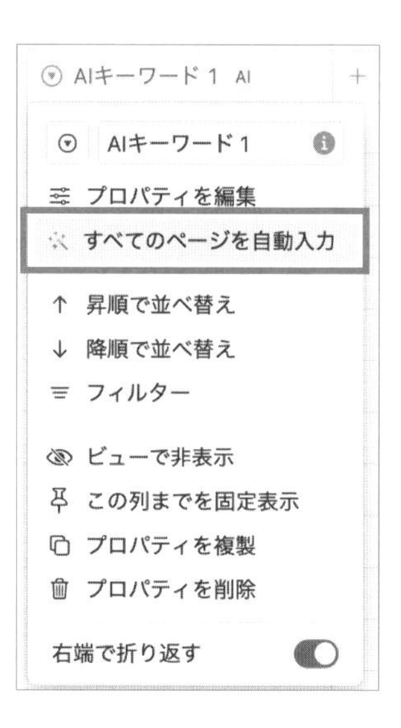

一部タグが入らない部分や、意図通りの選択肢を選んでくれない場合があります。その際は、再度［すべてのページを自動入力］を選択して更新するか、手作業で直していきましょう。

テーブルビュー　フィルター　並べ替え　新規

Aa ブログタイトル	AIキーワード 1 AI
"お金を節約するための家庭料理レシピ"	節約
"子供のための健康的なスナック作り"	美容
"家事の効率化テクニック"	節約
"自宅で楽しむDIYプロジェクト"	DIY
"主婦のための自己啓発ガイド"	育児
"美しく整理整頓：収納のアイデア"	
"手作りの健康食品のレシピ"	節約
"自宅でのフィットネスルーチン"	
"自宅での子供との楽しい活動"	子育て
"一家のためのバジェットマネージメント"	節約
"主婦のための時間管理のヒント"	育児
"自宅でのリラクゼーションテクニック"	
"エコフレンドリーな家庭の習慣"	節約
"家庭での健康とウェルネス"	ヘルスケア
"子供と一緒に楽しむ手作りクラフト"	DIY
"主婦のための美容とスキンケア"	美容

［AIキーワード］は、他のAIプロパティと異なり手動での更新が可能です。そのため、無理に何度もやり直すよりは手で直していきましょう。

AIが大体埋めてくれたので、手作業で2箇所だけ埋めてタグづけが完了しました。

テーブルビュー　フィルター　並べ替え　新規

Aa ブログタイトル	AIキーワード 1 AI
"お金を節約するための家庭料理レシピ"	節約
"子供のための健康的なスナック作り"	美容
"家事の効率化テクニック"	節約
"自宅で楽しむDIYプロジェクト"	DIY
"主婦のための自己啓発ガイド"	育児
"美しく整理整頓：収納のアイデア"	DIY
"手作りの健康食品のレシピ"	節約
"自宅でのフィットネスルーチン"	運動
"自宅での子供との楽しい活動"	子育て
"一家のためのバジェットマネージメント"	節約
"主婦のための時間管理のヒント"	育児
"自宅でのリラクゼーションテクニック"	美容
"エコフレンドリーな家庭の習慣"	節約
"家庭での健康とウェルネス"	ヘルスケア
"子供と一緒に楽しむ手作りクラフト"	DIY

これは、Notion AIに関わらず全てのAIにも言えることですが、AIだけで100点を取ろうとするのはやめましょう。

あくまで、80点くらいまでを高速で出し、その後の20点は人間があげるものだ、という思考を持つだけでAIとの向き合い方はよくなります。

一方で、AIで出力がうまくいかなかったときにすぐに諦めて手でやってしまうのも上達しません。

まずはAIでやれるところまでやったら、適切に諦めるのが重要です。

ポイント

- AIに予想でタグを入れてもらおう
- うまくいかない部分は手直ししよう

4-12 ＞ ビジネスモデルを評価する

SWOT分析を行う

カスタム自動入力を用いることで、自分の考えたビジネスモデルを分析することが可能です。分析には、フレームワークを用いましょう。

ここで利用するフレームワークは「SWOT」です。Strengths（強み）、Weaknesses（弱み）、Opportunities（機会）、Threats（脅威）の4つの観点から物事を分析する手法です。

AI研修事業

タグ　未入力

さらに1件のプロパティ

 コメントを追加...

- 法人向けに、AIの研修を行う
- 社員がAIを使いこなせるようにすることを目的とする
- 申請には補助金を絡める。

詳しく書ければ書くほど、以降の分析の精度が上がります。続いて、分析対象であるビジネスモデルを本文に入力します。

データベースに［AIカスタム自動入力］プロパティを追加しましょう。プロンプトで、SWOT分析をしたい旨を伝えます。

Prompt　**本文を、SWOT分析して**

あとは更新することで、ビジネスモデルを更新することが可能です。

当然SWOT分析以外にも4Pや3Cなど有名どころの分析は一通りこなすことができます。

なお、AIが既存の知識として持ち合わせていないような独自の分析を行いたい場合は、分析手法をプロンプトに入れてあげれば問題ありません。

インターンなどで新規事業を考える必要がある学生や、それを採点する審査員の方などにおすすめな活用事例です。

ポイント

- ビジネスモデルの分析を行う
- 独自の分析をするときは手法を詳細にAIに指示する

>Chapter

5

カスタムAI
ブロック

5-1 > 操作方法について知る

カスタムAIブロックを設置する

［カスタムAIブロック］について紹介します。このブロックを利用することで、［AIに依頼］をワンクリックで行うことができます。

まず､通常のブロックと同様に［カスタムAIブロック］を呼び出します。

呼び出したブロックの中には。［AIに依頼］で書いたプロンプトと同様に指示文章を入れます。

Prompt　Notion の利用例を 10 個生成して

これで、右側の［生成］ボタンをクリックします。

依頼した内容を実行してくれました。

実行がうまくいかなかった場合は、右側の［更新］ボタンを押すことで再度生成をやり直すことができます。データベースのプロパティとして使うAIと同様です。

［更新］の左側にある［AIによる生成］を選択することで、設定したプロンプトを書き直すこともできます。

1. プロジェクト管理: タスクを追跡し、デッドラインを設定し、進行中のプロジェクトのステータスを視覚化します。
2. ノート取り: ミーティングや講演のメモを整理し、共有します。
3. カレンダー計画: イベント、ミーティング、期限を一元管理します。
4. 知識ベース作成: FAQやガイドラインなどの情報を共有し、チーム全体でアクセス可能にします。
5. 個人のジャーナル: 毎日の活動や思考を記録します。
6. 学習管理: コースや学習資料を追跡し、学習進捗を管理します。
7. レシピの管理: お気に入りのレシピを保存し、整理します。
8. 旅行の計画: 項目別に旅行の予定を立て、予約を追跡します。
9. 読書リスト: 読みたい本や既に読んだ本のリストを作成します。
10. 予算の追跡: 収入と支出を記録し、月ごとの予算を管理します。

Notionの利用例を10個生成して

［AIに依頼］との違い

［AIに依頼］と［カスタムAIブロック］の違いは、動作の反復性にあります。

［AIに依頼］が「箇条書きに直して」「〜の説明を入れて」など、状況に応じてカスタマイズする一回きりの動作に利用するものだとすれば、［カスタムAIブロック］は構造化＆ルーティン化された事象に対して利用することができます。

しかし、［カスタムAIブロック］を［AIに依頼］とどう使い分けるべきかは、わからない方がほとんどだと思います。

以降の節では、［AIに依頼］ではなく［カスタムAIブロック］を利用する場面を紹介します。

ポイント

- ［カスタムAIブロック］の使い方を理解する
- ［AIに依頼］との違いを理解する

5-2 〉表を生成する

テンプレートに挿入する

［カスタムAIブロック］を用いて、箇条書きの文章を表形式に直すことが可能です。そのままでは顧客に送れない下書きを、きれいな表にするには時間がかかりますが、Notion AIを用いれば一瞬です。毎回同じ作業を行う場合では、［カスタムAIブロック］が非常に役に立ちます。

まず、データベース上でテンプレートを作成し、そこに［カスタムAIブロック］を設置しましょう。

そして、［カスタムAIブロック］にプロンプトを埋め込みます。

☰ Prompt　本文の内容を表形式でまとめて

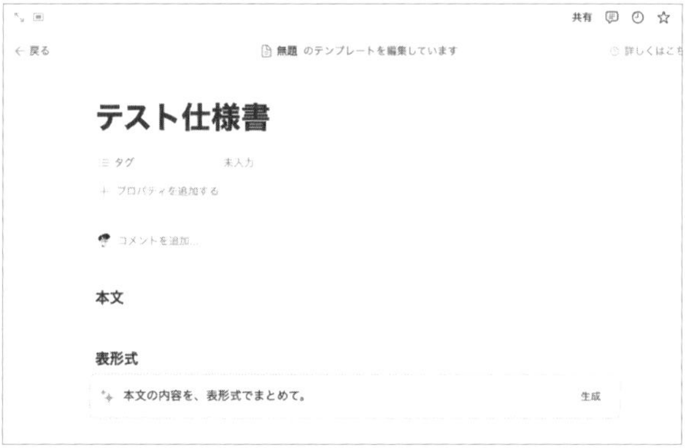
共有
← 戻る
無題 のテンプレートを編集しています
詳しくはこち
テスト仕様書
タグ
未入力
＋ プロパティを追加する
コメントを追加...
本文
表形式
本文の内容を、表形式でまとめて。
生成

これでテンプレートは完成です。

表形式にする

あとは、このテンプレートを使ってルーティーンの文章を記載していきます。ここでは、Web制作をされる方にはお馴染みの、テスト仕様書をNotinoAIで作成します。

なお、テスト仕様書とは、ソフトウェアのテストを行うための詳細な手順を記述した文書です。テストの目的、テストを行うための特定の手順、期待される結果、およびテストの成功または失敗を判断するための基準など、複数の項目が含まれるため、形式にすることで見やすくなります。

本文を記載し、［カスタムAIブロック］の［生成］ボタンを押します。

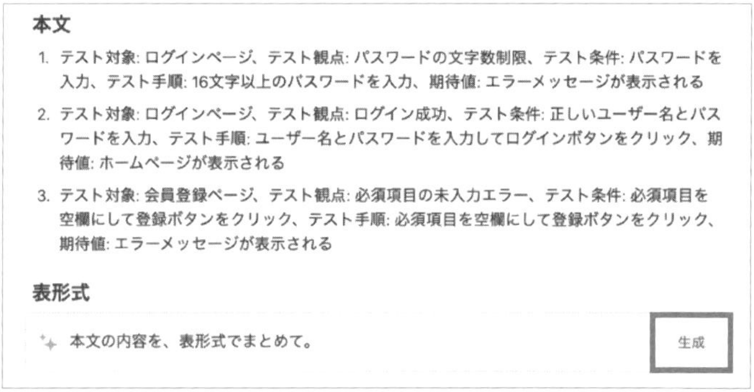
本文
1. テスト対象: ログインページ、テスト観点: パスワードの文字数制限、テスト条件: パスワードを入力、テスト手順: 16文字以上のパスワードを入力、期待値: エラーメッセージが表示される
2. テスト対象: ログインページ、テスト観点: ログイン成功、テスト条件: 正しいユーザー名とパスワードを入力、テスト手順: ユーザー名とパスワードを入力してログインボタンをクリック、期待値: ホームページが表示される
3. テスト対象: 会員登録ページ、テスト観点: 必須項目の未入力エラー、テスト条件: 必須項目を空欄にして登録ボタンをクリック、テスト手順: 必須項目を空欄にして登録ボタンをクリック、期待値: エラーメッセージが表示される
表形式
本文の内容を、表形式でまとめて。
生成

本文の内容を表形式にした内容が生成されました。

本文

1. テスト対象: ログインページ、テスト観点: パスワードの文字数制限、テスト条件: パスワードを入力、テスト手順: 16文字以上のパスワードを入力、期待値: エラーメッセージが表示される
2. テスト対象: ログインページ、テスト観点: ログイン成功、テスト条件: 正しいユーザー名とパスワードを入力、テスト手順: ユーザー名とパスワードを入力してログインボタンをクリック、期待値: ホームページが表示される
3. テスト対象: 会員登録ページ、テスト観点: 必須項目の未入力エラー、テスト条件: 必須項目を空欄にして登録ボタンをクリック、テスト手順: 必須項目を空欄にして登録ボタンをクリック、期待値: エラーメッセージが表示される

表形式

テスト対象	テスト観点	テスト条件	テスト手順	期待値
ログインページ	パスワードの文字数制限	パスワードを入力	16文字以上のパスワードを入力	エラーメッセージが表示される
ログインページ	ログイン成功	正しいユーザー名とパスワードを入力	ユーザー名とパスワードを入力してログインボタンをクリック	ホームページが表示される
会員登録ページ	必須項目の未入力エラー	必須項目を空欄にして登録ボタンをクリック	必須項目を空欄にして登録ボタンをクリック	エラーメッセージが表示される

テスト仕様書を書くといったような、毎回同じフォーマットかつ毎度発生する作業の場合は、[AIに依頼] ではなく [カスタムAIブロック] で実施しましょう。

☑ ポイント

- ☑ [カスタムAIブロック] をデータベースのテンプレートとして設置する
- ☑ 本文の内容を表形式で表示させて見やすくする

5-3 › 議事録を生成する

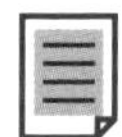

テンプレートに挿入する

Notion AIを用いて議事録を作成する方法を紹介します。議事録生成にNotion AIが役に立つのは、会議をレコーダーなどで文字起こしをしたものの、きれいな形には整っていないときなどです。

まずは、会議用のデータベースに、テンプレートを追加します。テンプレートの中に、文字起こしのパートと、［カスタムAIブロック］を挿入します。

≡ Prompt

文字起こしから、タイトル、議論内容、決定事項、ネクストアクションの4つの項目を含む議事録を箇条書きで生成して

共有

← 戻る　　無題 のテンプレートを編集しています

このページは usutaku.notion.site で公開されています。　サイトを表示　サイト設定

2025XXXX

議事録

文字起こしから、タイトル、議論内容、決定事項、ネクストアクションの4つの項目を含む議事録を箇条書きで作成して　生成

文字起こし

議事録を生成する

テンプレートを使って、議事録を生成します。

まずは文字起こしをテンプレートに入れます。文字起こしのためのツールは何でも構いません。

文字起こし

了解しました。複数人が意見を交わす会議の文字起こしを生成します。ここでは、異なる参加者がそれぞれの見解を表明する様子を織り交ぜます。改行せずに続けて記述します。

「本日は会議にお集まりいただきありがとうございます昨年度の成果については皆さんの努力の賜物ですが今日は今年の戦略について集中して議論したいと思います新製品開発の進捗について技術的な課題があり追加のリソースが必要です市場拡大の戦略では現地の市場調査に基づいたマーケティング戦略が求められます競合他社との差別化には独自の価値提案が必要であり製品だけでなくブランド戦略も重要です財務状況に関しては投資計画が増加する見込みでリスク管理の強化が必要です新市場への進出を図るには皆さんの協力が不可欠ですそれでは一人ずつ意見を伺いたいと思います山田さんはどう思いますか山田：はい新製品開発に関しては技術チームとの連携を強化し迅速な解決を図るべきですまた市場調査に関しては競合分析も重要だと思います鈴木さんからも意見を聞かせてください鈴木：ありがとうございます市場拡大にあたり現地の文化やニーズを理解することが重要だと思いますそのためには現地のパートナーとの協力が鍵になるでしょう佐藤さんは財務面での見解をお願いします佐藤：投資の増加は必要ですがそれに伴うリスクも考慮しバランスを取ることが大切です各部門からの詳細な計画をもとにした予算の見直しも必要になるでしょう最後に皆さんの努力と創意工夫でこのチャレンジを乗り越えましょう。」

文字起こしを入れたら、あとは［カスタムAIブロック］で［生成］を押します。

議事録 AIによる生成 5分前 更新

タイトル

- 2025年度の戦略についての会議

議論内容

- 新製品開発の進捗についての技術的な課題と追加のリソースについて
- 市場拡大のための現地の市場調査に基づいたマーケティング戦略
- 競合他社との差別化に関しての独自の価値提案とブランド戦略
- 財務状況と投資計画の増加に伴うリスク管理について
- 新市場への進出を図るための協力について

決定事項

- 技術チームとの連携を強化し、新製品開発の技術的な課題に迅速に対応する
- 競合分析を含む市場調査を行う
- 現地の文化やニーズを理解するための現地パートナーとの協力を強化する
- 投資の増加とリスクを考慮したバランスの取れた財務管理を行う

ネクストアクション

- 各部門から詳細な計画をもとに予算の見直しを行う
- 新市場への進出を図るための具体的な行動計画を立てる

会議の議事録を生成してくれました。

ここでは、タイトル、議論内容、決定事項、ネクストアクションの4つで記載していますが、会社ごとにフォーマットがあると思うのでそれに従ってプロンプトを改変してみてください。

なお、もし英語でも議事録を生成する場合はテンプレートに［カスタムAIブロック］をもうひとつ英語版で設置します。

なお、「tldv」（https://tldv.io/ja/）という無料ツールを使えばZoomやGoogle Meetで会議後に自動で文字起こしをしてくれます。さらに、Notionと連携すれば、文字起こしを自動でNotionのデータベースに追加することも可能です。

ポイント

- データベースに議事録用のテンプレートを置いておく
- ［カスタムAIブロック］で文字起こしから議事録を生成する
- ［カスタムAIブロック］を日本語版と英語版の両方設置する

5-4 ＞ 朝に格言をもらう

日記にテンプレートとしてカスタムAIブロックを入れる

少し変わった使い方を紹介します。［カスタムAIブロック］を利用して、その日の格言を生成してみます。

まずは、1日の作業ページを生成します。筆者は、毎日ひとつのページを用意し、その日のタスクや作業中に発生したメモなどを入れていき、夜に日記を入れます。

Diary

Good News

- 商談がうまく行った
- 大型の案件を受注できた

Learning

- 営業はテクニックより人柄が大事。

Thoughts

- 年末年始は普段できないことをしたい

Todo

- [x] セミナー登壇資料作成
- [x] 動画教材録音
- [x] SNS投稿

Memo

- 夜の待ち合わせは渋谷駅東口
- AIはスペース、コマンドは半角「/」または全角「；」を入力...

この作業ページのテンプレートに、［カスタムAIブロック］を設置します。

≡ Prompt

偉人の格言を、偉人名とともに、ランダムで生成して。形式は Quote で

無題 のテンプレートを編集しています

朝に格言をもらう

タグ　未入力

＋ プロパティを追加する

コメントを追加

Daily Quote

偉人の格言を、偉人名と共に、ランダムで生成して。形式はQuoteで。　生成

Diary

Good News

- リスト

Learning

- リスト

これでテンプレートを作成し、更新します。

いまいち格言がハマらない場合は、[更新] を押して再度生成しましょう。

Daily Quote

> "成功とは、失敗を恐れずに自分のやり方を続けることである。" - アルバート・アインシュタイン

Diary

Good News

- 商談がうまく行った
- 大型の案件を受注できた

Learning

- 営業はテクニックより人柄が大事。

違う格言が生まれます。

指定する形式は、QuoteではなくCode Blockにしてもおしゃれに見えます。

ポイント

- 1日の作業ページをNotionで生成する
- 作業ページに [カスタムAIブロック] で格言をもらう

5-5 › レシピを作成する

毎日発生するタスクに［カスタムAIブロック］が向いているということで、レシピを［カスタムAIブロック］で生成するのもおすすめです。

毎日の日記のテンプレートに、［カスタムAIブロック］を設置しましょう。

≡ Prompt

営業管理士として振る舞ってください。今日の朝昼晩の献立を生成して。

生成するを押すことで、その日の献立が生成されました。

レシピを知りたいときにわざわざNotionに聞くのは面倒かもしれませんが、毎日の日記にワンクリックでレシピを生成するボタンがあれば手間になりません。

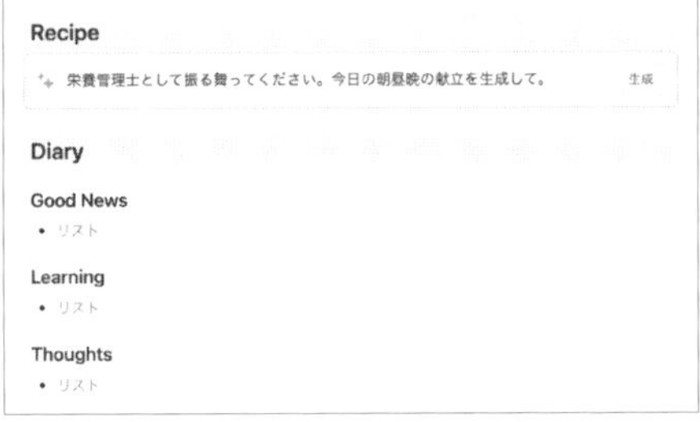

Recipe

朝食

- 緑茶
- 玄米ごはん
- 煮物（大根と人参）
- 焼き魚
- 味噌汁（ワカメと豆腐）

昼食

- 冷たい麦茶
- 鶏肉と野菜の炒め物
- 枝豆ごはん
- たたききゅうりの和風ドレッシング

夕食

- 紅茶
- 鮭の塩焼き
- 豆腐と春菊の和風サラダ
- 玄米ごはん
- 味噌汁（えのきとねぎ）

☑ ポイント

☑［カスタムAIブロック］でレシピを生成する

>Chapter

6

文書生成への応用

6-1 › SNSの投稿を生成する

データベースを作成する

この章からは、これまで使った［AIに依頼］、［データベースAI］、［カスタムAIブロック］などを自由に使った実践編を紹介します。

この節では、SNS用の文章を自動生成する方法を紹介します。

まず、データベースを用意しましょう。そこに、［AIカスタム自動入力］を追加していきます。自分が投稿したいSNSの分だけ追加しましょう。ここでは、X、Instagram、LinkedInの投稿を生成します。

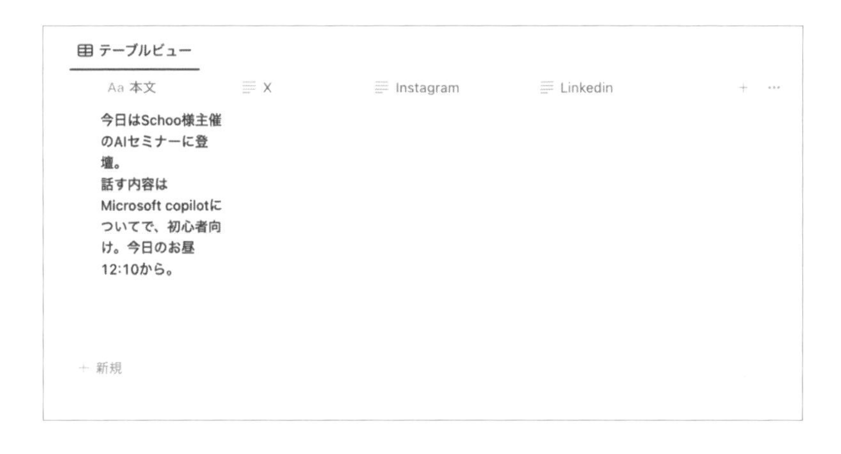

AIカスタム自動入力プロパティに、SNSごとにプロンプトを入力します。

≡ Prompt（X）

本文の内容からTwitterの投稿を生成して。文章は140文字以内、絵文字、ハッシュタグを用いて。句読点は少なめ。箇条書きを適宜使って。一文ごとに改行して。文章の元は【】で囲ったキャッチーな一文で始めて。

≡ Prompt (Instagram)

本文の内容からInstagramの投稿を生成して。絵文字とハッシュタグを多く用いて。箇条書きを適宜使って。一文ごとに改行して。文章の元は【】で囲ったキャッチーな一文で始めて。

≡ Prompt (LinkedIn)

本文の内容からLinkedInの投稿を生成して。できる限り大袈裟でおしゃれにして、英語で書いて。

本文に文章を入れたら、データベースを更新していきましょう。

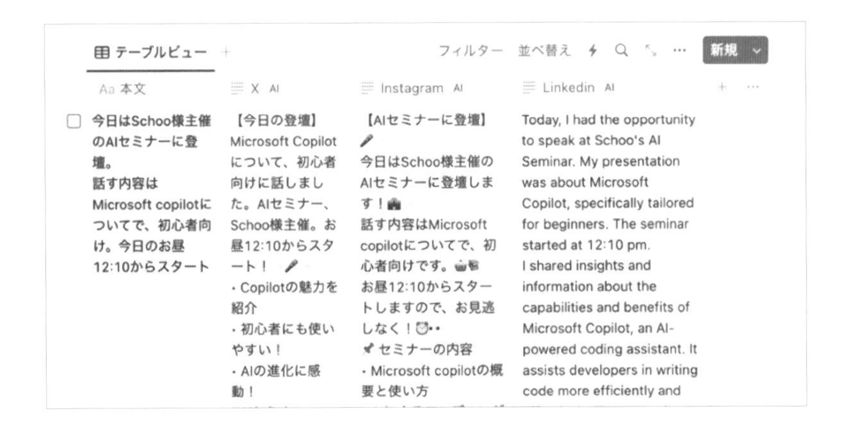

SNSの文章を生成してくれました。自分のSNSの投稿ルールに合わせて、適宜プロンプトを調整しましょう。「絵文字をより多く使う」「箇条書き」「体言止め」など複数の調整方法があります。

なお、生成した文章はセルの右上のボタンからコピーすることが可能です。

☑ ポイント

- ☑ Notion AIでSNSの文章を生成する
- ☑ 自身の投稿ルールに従って、プロンプトを調整する

6-2 メールを作成する

日本語のメールを作成する

仕事で使うメールの文章を、簡単な箇条書きから生成する方法を紹介します。

まずはデータベースを作成します。

プロパティを追加し、AIカスタム自動入力を記載します。

Prompt [原文]の文章を、丁寧なビジネスメールにして。

AIカスタム自動入力を追加したら、セルを更新します。

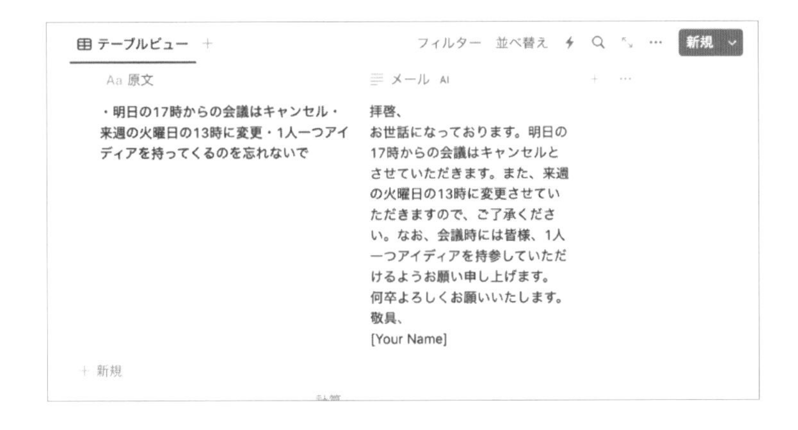

丁寧なビジネスメールを作成してくれました。お好みで、自分の署名をプロンプトに盛り込むのもおすすめします。

Prompt

[原文]の文章を、丁寧なビジネスメールにして。文章の末尾に下記の署名を追加して。

（自分の署名）

署名が入るので、そのままコピペでメールにすることができます。

英文に直す

クライアントが海外であったり、社内メールで英語と日本語を書かないといけない方向けに、英文メールを作成するプロパティも追加します。

先ほどと同様、カスタム自動入力を入れましょう。

Prompt　[原文]を丁寧な英文のビジネスメールに直して

なおカスタム自動入力でうまく英語に直されない場合は、プロンプト末尾に「lang:En」と入れると精度が良くなります。

ポイント

- ビジネスメールをAIカスタム自動入力で生成する
- 英文ビジネスメールもNotion AIで生成する
- 文章を英語にする際は「lang:En」を使ってみる

6-3 ブログのタイトルを考える

ブログタイトルを生成する

Notion AIを用いることで、ブログのタイトルのアイデア出し、もしくは本文を生成することが可能です。まずは、ブログのタイトルを考えてもらいます。

≡ Prompt

「主婦」「節約」をテーマにした、SEO対策済みのブログタイトルを10個出してください。

ブログタイトルを生成する

「主婦」「節約」をテーマにした、SEO対策済みのブログタイトルを10個出してください。

ブログタイトルを生成する

1. "主婦のための節約術：家計を助けるヒントとトリック"
2. "節約主婦：お金を節約しながら豊かに生きる方法"
3. "主婦必見！賢い節約テクニック"
4. "節約ママの秘密：家計を整える10の方法"
5. "主婦のための究極の節約ガイド"
6. "主婦でもできる！簡単節約ライフ"
7. "お金を節約するための主婦の知恵"
8. "主婦のための節約レシピ：美味しくてコスパ最高！"
9. "主婦の節約術：毎日の生活を見直す"
10. "主婦による主婦のための節約テクニック"

次に何をするのかAIに伝えます...

AIの出力は正確性に欠けたり、誤解を招いたりする場合があります。 詳しくはこちら

完了
続きを書く
長くする
お気に入りに追加
やり直す
閉じる Escape

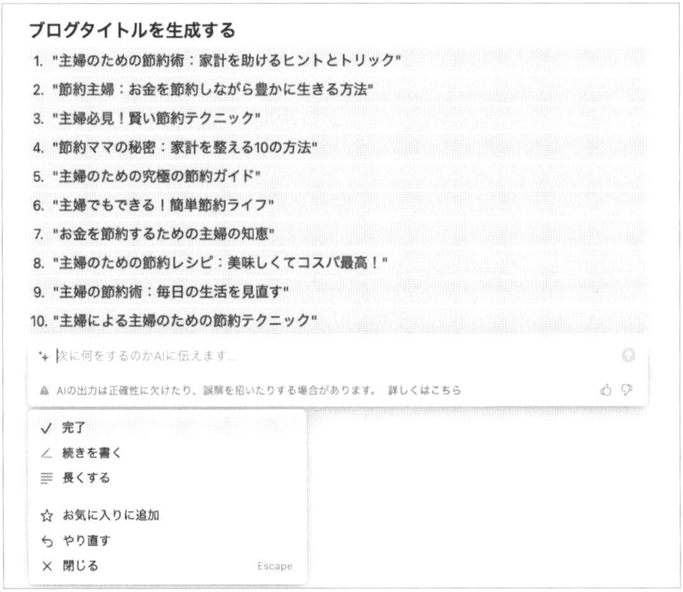

ブログのアイデアをもらうことができました。

出力を調整する

他にも調整していきましょう。

≡ Prompt

「主婦」「節約」をテーマにした、SEO 対策済みのブログタイトルを 10 個出してください。具体的に、長めに書いてください。

ブログタイトルを生成する

1. 主婦の知恵袋！毎日の家計を節約するための10のアイデア
2. 節約主婦の必見！お金を節約しながら豊かな生活を送る方法
3. 主婦のための節約術：家計を守るための賢い買い物のコツ
4. 財布に優しい主婦の節約レシピ：美味しくて経済的な家庭料理
5. 主婦が知っておくべき節約テクニック：お金を節約するためのライフハック
6. 主婦必見！節約の秘訣：家計にやさしい生活のコツ
7. 主婦のための節約ガイド：家計を守るためのスマートな選択
8. 主婦の節約術：家計簿の活用とスマートな買い物のヒント
9. ママのための節約術：家族と一緒に楽しみながら節約する方法
10. 主婦のための節約ライフ：生活費を削減するためのヒントとテクニック

よりブログタイトルらしくなりました。まだ内容がありきたりなので、もうひとつ単語を入れるとさらに具体的になります。

≡ Prompt

「主婦」「節約」「レシピ」をテーマにした、SEO 対策済みのブログタイトルを 10 個出してください。具体的に、長めに書いてください。

ブログタイトルを生成する

「主婦」「節約」「レシピ」をテーマにした、SEO対策済みのブログタイトルを10個出してください。具体的に、長めに書いてください。

ブログタイトルを生成する

1. 「節約主婦のキッチン」：毎日の献立を工夫して、家計を守る
2. 「主婦のための経済的レシピ」：高品質な食材で手頃な価格を実現
3. 「節約術と美味しいレシピ」：主婦が日々の生活で使えるコツ
4. 「主婦必見！節約レシピ」：高コストの食材を使わないヘルシーメニュー
5. 「お財布に優しい主婦のレシピ」：節約しながらも主婦が楽しむ料理法
6. 「節約生活を楽しむ主婦のレシピ」：節約と楽しみを両立する方法
7. 「主婦のための節約料理ガイド」：一人一人に合わせた節約レシピ
8. 「主婦の知恵袋」：お金を節約しながら美味しい食事を準備
9. 「家計を守る節約レシピ」：主婦が毎日の料理でお金を節約する方法
10. 「主婦の節約レシピの秘密」：美味しく健康的な食事を家庭で作る

これで、普通に命令するよりもユニークなブログのタイトルを作ることができました。なお、実際に書いたブログをGoogle検索などで上位表示させるには、SEOの知識が不可欠です。ただNotion上で「SEO対策した文章を書いて」といった指示をすれば無条件に上手くいくわけではないので注意しましょう。「ラッコキーワード」(https://related-keywords.com/）や「エイチレフス」（https://ahrefs.jp/）などの外部サービスを使いこなし、狙うべきタイトルや競合の分析などと組み合わせて上手にNotion AIを使いましょう。

ポイント

- Notion AIでブログのタイトルを生成する
- 自分好みのタイトルにするために調整する

6-4 ペルソナを作る

基本データを生成する

Notionを使ってペルソナを設定しましょう。

ペルソナとは、製品やサービスの最終的なユーザーを代表する架空の人物のことを指します。これはマーケティングや製品開発の過程で、ユーザーの視点を理解しやすくするための手法です。ペルソナは具体的な名前、年齢、職業、家庭の状況、趣味、価値観、課題など、リアルなユーザーを模倣した詳細なプロフィールを持っています。

まずは名前 、年齢、性別、職業、年収だけを生成します。

ペルソナを作成するのは毎回発生する業務でもないため、単発で［AIに依頼］を利用します。

Prompt

名前 、年齢、性別、職業、年収の項目で、ペルソナを表形式で10個生成して

名前	年齢	性別	職業	年収
山田太郎	30	男性	ソフトウェアエンジニア	500万円
鈴木花子	28	女性	マーケティング	450万円
佐藤一郎	45	男性	会社員	800万円
田中美咲	22	女性	学生	-
伊藤悠	35	男性	フリーランス	600万円
渡辺優子	50	女性	主婦	-
小林真司	60	男性	リタイア	-
高橋雅子	33	女性	デザイナー	550万円
中村健太	40	男性	教師	700万円
吉田さくら	25	女性	看護師	400万円

10人分のペルソナが生成されます。マーケティングでペルソナを作る以外にも、ちょっとしたデモデータが必要なときにもこれは使えます。

表の一番上の行を選択し、［列見出し］をオンにすることで色をつけることができます。

そのあと、表全体を選択し、［データベースに変換］を押すことで、表をデータベースに変えることができます。このとき［列見出し］をオンにしていないと一番上の行もデータの一部として認識されてしまい表題にならないのでご注意ください。

テーブルビュー ＋　　フィルター　並べ替え　…　新規

Aa 名前	年齢	性別	職業	年収
山田太郎	30	男性	ソフトウェアエンジニア	500万円
鈴木花子	28	女性	マーケティング	450万円
佐藤一郎	45	男性	会社員	800万円
田中美咲	22	女性	学生	-
伊藤悠	35	男性	フリーランス	600万円
渡辺優子	50	女性	主婦	-
小林真司	60	男性	リタイア	-
高橋雅子	33	女性	デザイナー	550万円
中村健太	40	男性	教師	700万円
吉田さくら	25	女性	看護師	400万円

＋ 新規

ペルソナを生成する

名前、年齢、性別、職業、年収だけのデータだとここから分析などができないので、居住地、家庭の構成、趣味や関心事、価値観、直面している課題や悩みの項目もつけ加えます。

☰ Prompt

下記の項目をもとに、ペルソナを10個表形式で出力して。
名前 年齢 性別 職業 年収 居住地 家庭の構成 趣味や関心事 価値観 直面している課題や悩み

名前	年齢	性別	職業	年収	居住地	家庭の構成	趣味や関心事	価値観	直面している課題や悩み
山田太郎	30	男性	ソフトウェアエンジニア	500万円	東京	単身	プログラミング、読書	努力、成長	ワークライフバランス
鈴木花子	28	女性	マーケティング	450万円	大阪	既婚、子供1人	映画観賞、旅行	家族、安定	子育てと仕事の両立
佐藤一郎	45	男性	会社員	800万円	福岡	既婚、子供2人	ゴルフ、料理	健康、責任	高齢親の介護
田中美咲	22	女性	学生	-	京都	単身	音楽、美術	自由、創造性	就職活動
伊藤悠	35	男性	フリーランス	600万円	愛知	既婚、子供なし	フィットネス、投資	自立、挑戦	収入の不安定さ
渡辺優子	50	女性	主婦	-	神奈川	既婚、子供3人	園芸、読書	家族、地域貢献	子供の進路相談
小林真司	60	男性	リタイア	-	北海道	既婚、子供なし	釣り、写真	自然、ゆとり	退屈、健康問題
高橋雅子	33	女性	デザイナー	550万円	千葉	単身	ファッション、アート	独立、美	キャリアアップの道筋
中村健太	40	男性	教師	700万円	兵庫	既婚、子供2人	スポーツ、歴史	教育、公平	教育改革の遅れ
吉田さくら	25	女性	看護師	400万円	岡山	単身	アニメ、ゲーム	助ける、思いやり	シフトの調整、ストレス

別の項目が必要な場合は随時追加しましょう。

ポイント

- ☑ Notionでペルソナを作る
- ☑ 表の見出しに色をつける
- ☑ 表をデータベースに変換する

6-5 › 文章を短くする

同じ意味のまま文章を短くする

［AIに依頼］の機能の中で［短くする］という機能があります。これはそのままで、簡単に文章を、意味を変えないまま短くすることが可能です。使い道はいろいろあり、例えばAIが出力してきた文章が冗長な際、もっとシンプルにするために用いることができます。

文章を選択したあと、［AIに依頼］から、［短くする］を選択します。

件名：重要なプロジェクトについて

拝啓、

この度は、進行中のプロジェクトについてお知らせします。社内の各部署が一体となり、新製品の開発と市場投入を目指しています。あなたの知識と経験がプロジェクトに非常に重要であり、意見や提案をお聞かせせいただければ幸いです。

ご不明な点がありましたら、お気軽にお問い合わせください。

敬具

すると、文章が短くなりました。元の文章が17行だったのに対して、AIに依頼したあとの文章は7行です。元の文章にある重要な項目は抜けておらず、きれいに無駄を省いてくれています。

なお、更に短くしたい場合は、再度同じ指示を出すだけです。

一部原文の意図が失われてしまう部分はありますが、AIの回答に納得できな合い場合は再度実施しましょう。

件名：プロジェクトのお知らせ

皆様へ、

新製品の開発と市場投入に向け、各部署が連携しています。皆様の知識と経験を活かすため、意見や提案をお待ちしています。

ご不明点はお気軽にお問い合わせください。

敬具

Notion AIが出力してきた文章を整えるのはもちろん、自分が書いた文章を整えるのにももちろん使えます。

☑ ポイント

☑ [AIに依頼] で文章を短くする

☑ Notion AIが出力してきた文章が長ければ短くする

6-6 ＞ 文章を長くする

出力を長くする

［AIに依頼］では、文章を短くすることの他に文章を長くすることも可能です。AIに出力させた文章が短く、もう少し詳しく説明してほしいときなどに使えます。

例えば、ブラックホールについての説明文章があるとします。この説明が短すぎてわかりづらいので、これを長くしてもらいます。

元の文章を選択し、［AIに依頼］から［長くする］を選択します。

これにより、元の文章が長くなりより詳細な説明がされました。さらに文章を長くしたい場合は、再度同じ動作を繰り返してください。

ブラックホールとは、その強大な重力の影響で光さえも逃げ出すことができない宇宙の天体の一つです。これは、その重力があまりにも強大で、その結果、光の速さでさえもその引力を超えることができないということを意味します。ブラックホールは、一般的には大きな星がその生涯を終えて爆発する、いわゆる超新星爆発という現象の後に形成されます。これらの超新星爆発は、星の核が重力により自己崩壊し、その後に大量のエネルギーと物質が放出されるもので、この過程で形成されるブラックホールは、その強大な重力により周囲の物質を吸い込みます。

2行→6行→12行と文章が長くなりました。

ブラックホールとは、その強大な重力の影響で光さえも逃げ出すことができない宇宙の天体の一つで、その存在は非常に特異で興味深い現象です。この強大な重力は、光の速さでさえもその引力を超えることができないという、驚くべき性質を持っています。これは、ブラックホールがその中心にある質量があまりにも密集しているために、その周囲の空間が曲がってしまい、その結果、光の経路が曲がってしまうという現象、いわゆる重力レンズ効果を生じます。

ブラックホールは、一般的には大きな星がその生涯を終えて爆発する、いわゆる超新星爆発という現象の後に形成されるとされています。超新星爆発は、星の核が重力により自己崩壊し、その後に大量のエネルギーと物質が放出されるという壮大な現象で、星の最後の瞬間を飾る壮絶な花火のようなものです。この過程で形成されるブラックホールは、その強大な重力により周囲の物質を吸い込み、その中に閉じ込めてしまいます。これは、ブラックホールの最も特異で興味深い性質の一つで、その結果、ブラックホールの周囲には何も存在することができない、いわゆる「事象の地平線」という境界が形成されます。

なお、長くした文章が読みづらくなった場合は箇条書きにすると読みやすくなります。

Prompt　**述語なしの箇条書きにして**

- 強大な重力の影響で光が逃げ出せないブラックホール
- 非常に特異で興味深い存在
- 光の速さでさえ引力を超えられない強大な重力
- 中心の質量が密集し、空間が曲がる
- 光の経路が曲がる重力レンズ効果
- 大きな星の超新星爆発後に形成
- 星の核の自己崩壊と大量のエネルギー、物質放出
- 周囲の物質を吸い込み閉じ込める
- 周囲に何も存在できない事象の地平線の形成

ポイント

- [AIに依頼]から文章を長くする
- 一度長くして足りない場合は再度頼む

6-7 › 文章を校閲する

誤字脱字を修正する

Notionには、Microsoft Wordにあるような校閲する機能がありません。そのため、誤字脱字があっても気づきづらいです。そんなときにNotion AIが役に立ちます。

とりあえず文章を書いたあと、それらを選択して「校閲して」と伝えるだけで、簡単に修正をすることが可能です。

Prompt　**校閲して、修正箇所は太字にして**

これは、NotionAIのテストぶんしょです。
誤字脱字をみつえると、その部分をすゆせいしてくれます。
ぶんしょうがながくなても問題ありません。

校閲して。修正箇所は太字にして。

AIは完璧ではないので、誤った修正をしてしまうこともあります。そのため、「修正箇所は太字にして」とつけ加えることで、いじった部分をわかりやすくしておくのがおすすめです。

これは、NotionAIのテストぶんしょです。
誤字脱字をみつえると、その部分をすゆせいしてくれます。
ぶんしょうがながくなても問題ありません。

これは、NotionAIのテスト**文書**です。
誤字脱字を見つけると、その部分を**修正**してくれます。
文書が長くなっても問題ありません。

かなり誤字脱字が多い文でしたが完璧に直してくれました。また、誤字脱字ではなく、表現が適切かどうかの校閲も行うことが可能です。

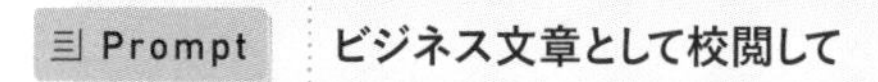

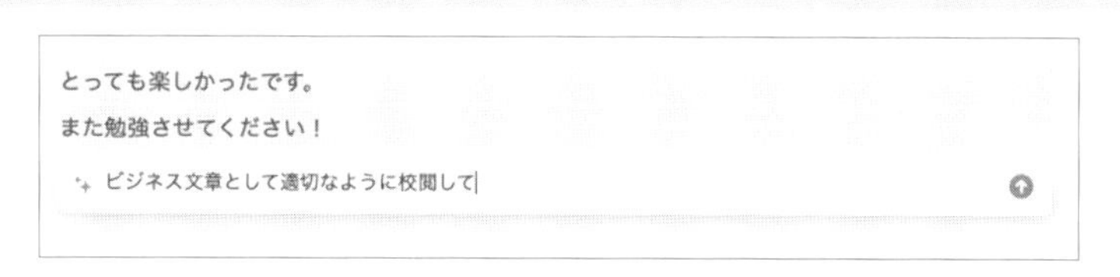

ビジネスの場面で送る際にはあまり適さない言葉を修正してくれます。

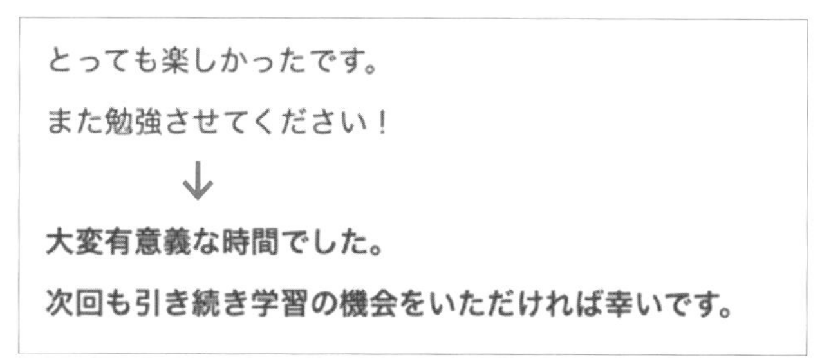

「校閲して」の場合は誤字脱字を直すだけにとどまりますが、「ビジネス文章として」のような指示をすることで場面ごとに文章のトーンを変更することが可能です。

他にも、「差別的な表現がないか修正して」「小学生にもわかりやすいようにして」なども役に立ちます。少し変わった依頼だと、ふりがなを振ってもらうことも可能です。

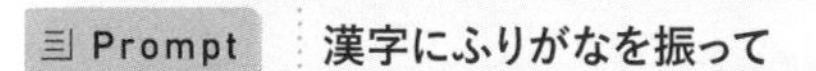

大変有意義な時間でした。

次回も引き続き学習の機会をいただければ幸いです。

大変(たいへん)有意義(ゆういぎ)な時間(じかん)でした。

次回(じかい)も引き続き(ひきつづき)学習(がくしゅう)の機会(きかい)をいただければ幸い(さいわい)です。

文章としては見づらくなりますが、小学生向けの文章をNotionで作成・公開する場合などには役に立ちます。

他には、文章に全角が含まれていたら半角に直してもらうのも便利です。

Prompt　数字は半角に直して

東京都目黒区下目黒１丁目１番１４号コノトラビル７Ｆ

東京都目黒区下目黒1丁目1番14号コノトラビル7F

文章を、自分が欲しいフォーマットに直すための指示は同時にすることも可能です。半角にして、ふりがなを振って、など好きなように指示しましょう。

ポイント

- Notion AIで文章を校閲し誤字脱字を修正する
- 場面に応じた文章に変更する
- ふりがなをNotion AIで振る
- 全角や半角を指定する

> Chapter

7

情報整理への応用

7-1 Mermaid記法を使う

Mermaid記法の方法を知る

Notionは、Mermaid記法という書き方に対応しています。なお、Mermaid記法とは、テキストベースの図表記法のひとつで、シンプルなテキスト記述でさまざまな種類の図やグラフを描画することができるというものです。

これを利用することで、Notion上に外部からのスクリーンショットなどを使わずに図やグラフを挿入することが可能です。

まずは利用方法を説明します。[/]でブロックを呼び出し、「code」と入力すると出てくる［コード：Mermaid］を選択します。

すると、サンプルのコードが入ったブロックが表示されます。

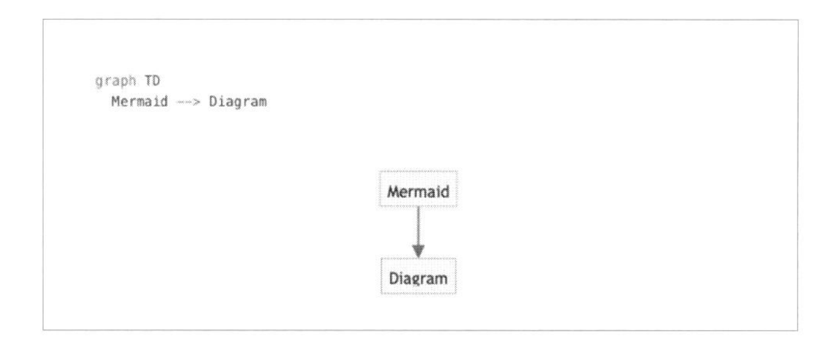

Mermaid記法を用いることで、「XX --> YY」と書くだけでフローチャートに変更することが可能です。

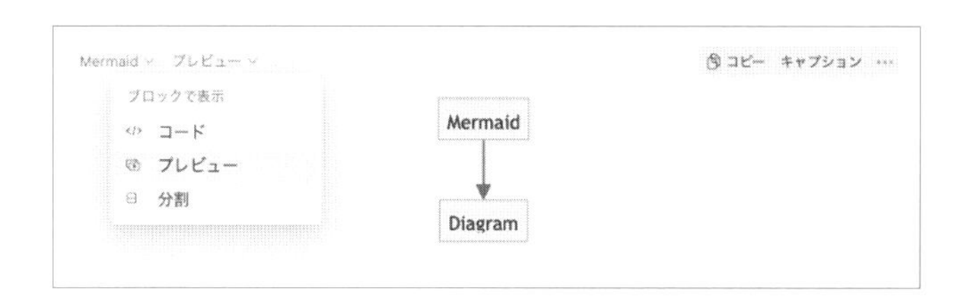

なお、ブロック左上から、表示方法を選択することが可能です。

・コード　→　Mermaid記法のために記したコードだけを表示
・プレビュー　→　図表だけを表示
・分割　→　両方を表示

場面に応じて使い分けてください。

慣れればサクサクと図や表を生成することができるMermaid記法ですが、覚えるまでには少し時間がかかります。そこで役に立つのがNotion AIです。元の文章を選択し、Mermaid記法に直して、と伝えるだけです。

これにより、元の文章がフローチャートに変換されました。

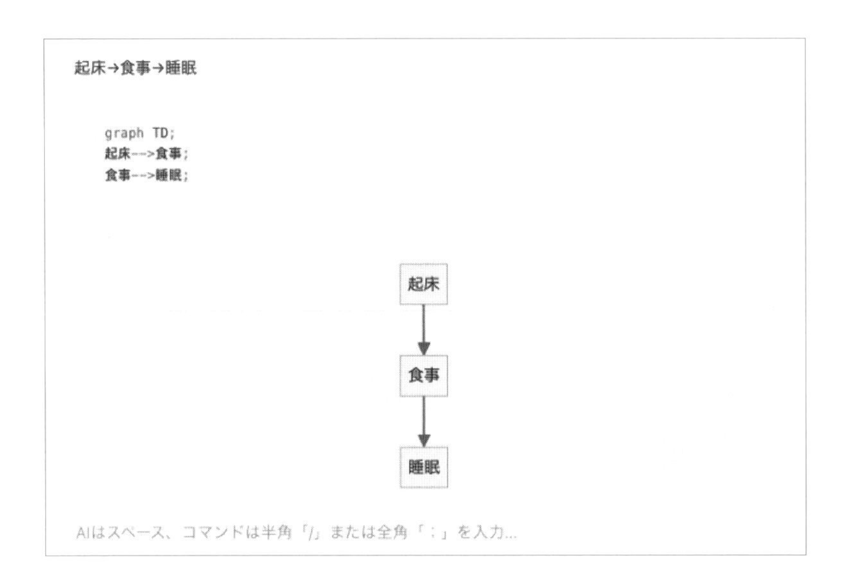

もちろんこれは、最も簡単でシンプルなフローチャートです。

このMermaid記法の価値は、複雑で一見理解することが難しい情報を、簡単に理解できるところにあります。

また、情報の種類によって、適切な図の選択が必要です。それをいろいろとみていきましょう。

ポイント

- Mermaid記法でNotionに図を入れる
- コード、プレビュー、分割のビューを使い分ける
- Mermaid記法はNotionに書かせる

7-2 フローチャートを書く

Mermaid記法でフローチャートを書く

Notion AIを使って、実践的なフローチャートを作りましょう。

まずは、フローチャートにしたい内容をNotionで記述します。そのあと、[AIに依頼] でフローチャートにしてもらいます。

フローチャートの下書きをするときは、箇条書きを選択した上で、相関関係を [Tab] でインデントして表すのがおすすめです。

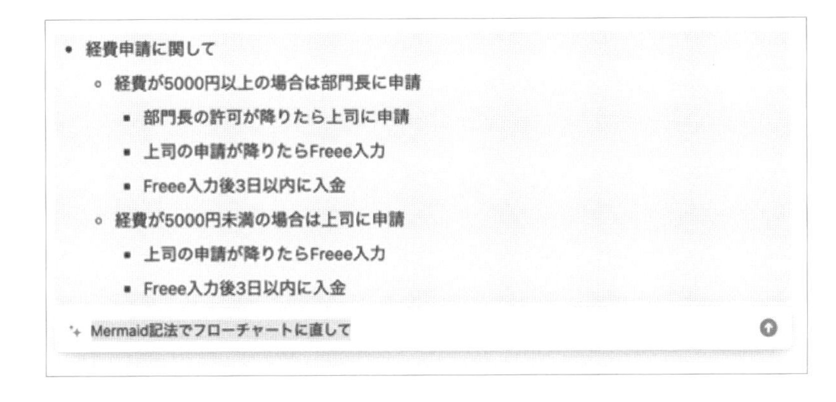

簡単にMermaid記法に変更してくれました。

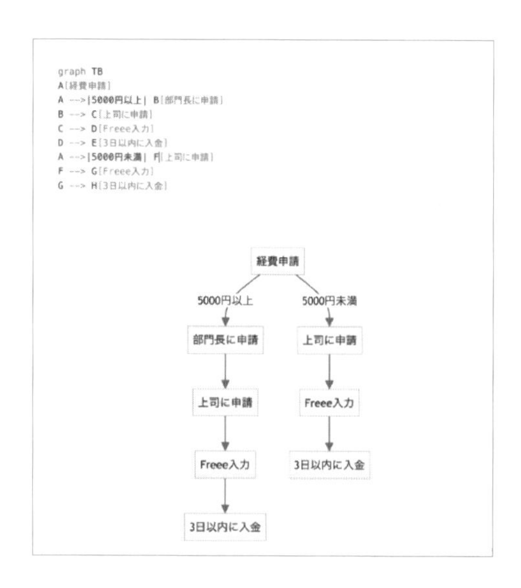

修正が必要な場合はコードを直接いじっても良いでしょう。今回のようなフローチャートはコードも非常にシンプルです。

今回、[上司に申請]からのフローは同じなので統合します。その場合、[5000円未満]からF[上司に申請]となっている部分を、F→Cに変更しましょう。

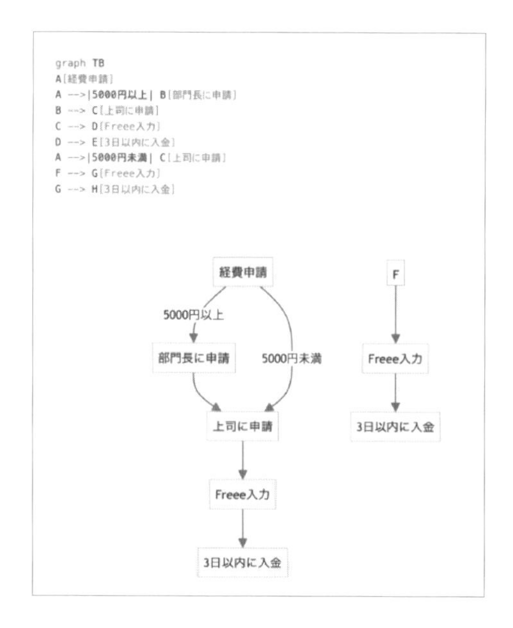

すると、ひとつに統合することができました。あとはF、G、Hを削除すれば完成です。ゼロからMermaid記法を書くのは大変ですが、既に書かれたコードを部分的に修正するのは簡単なのでぜひ試してみてください。

複雑なフローチャートを記載する

長めのフローチャートを書こうとすると、どうしても文章では表現しきれません。だからこそフローチャートで記すべきなのですが、Notion AIに直してもらうためにはある程度文章で表す必要があります。

- 問い合わせメールを受け取る
    - [業務時間以内]
        - →カスタマーサポート対応
            - 対応可能な場合→[解決]
            - 対応不可能な場合→別のカスタマーサポートに→[カスタマーサポート対応]
    - FAQをお客さんに送信
        - 事例があった場合→[解決]
        - 事例がなかった場合→業務時間以内になるまで待機→[業務時間以内]へ

コツは、同じ分岐に行くときは[]で囲ってあげることです。そうすると、同じ項目が2個作られて冗長になることを防げます。

この辺のテクニックは、何度か実際にNotion AIを使ってトライすれば身につきます。どんどん使って覚えていきましょう。

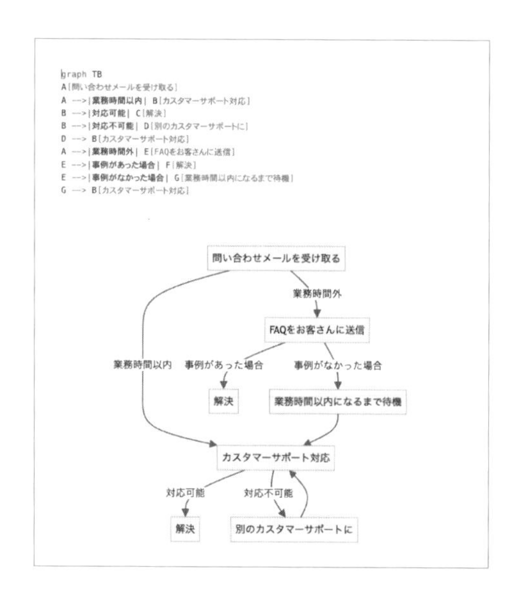

　複雑な工程はささっとNotion AIでMermaid記法して図解する癖をつけましょう。社内のWikiなどにこの図が入っているだけで、見る側は助かります。

ポイント

- Notion AIでフローチャートを記載する
- 複雑なフローチャートは[]で表現する

7-3 ＞ ガントチャートを作る

Mermaid記法で作る

Mermaid記法を用いることで、ガントチャートを記載することも可能です。

なお、ガントチャートとはプロジェクト管理で使用されるツールで、プロジェクトのタスクや活動が時間軸上でどのように配置されるかを視覚的に示すために使われます。各タスクは横棒で表され、その棒の長さはタスクの期間を示します。

まずは、Notion上でタスク名と期間を明記します。そのあと、［AIに依頼］で直してもらいます。

Prompt　Mermaid 記法でガントチャートにして

1. メンバーの日程調整
   a. 5/1-5/3
2. 会場の選択と予約
   a. 5/1-5/7
3. メニューの選択
   a. 5/7-5/8
4. 予算の設定
   a. 5/7-5/8
5. 招待状の作成と送付
   a. 5/9
6. 確認の連絡と返信の管理
   a. 5/9-5/11
7. イベントの実施
   a. 5/13

Mermaid記法でガントチャートにして

書いたスケジュールがガントチャートに変換されました。

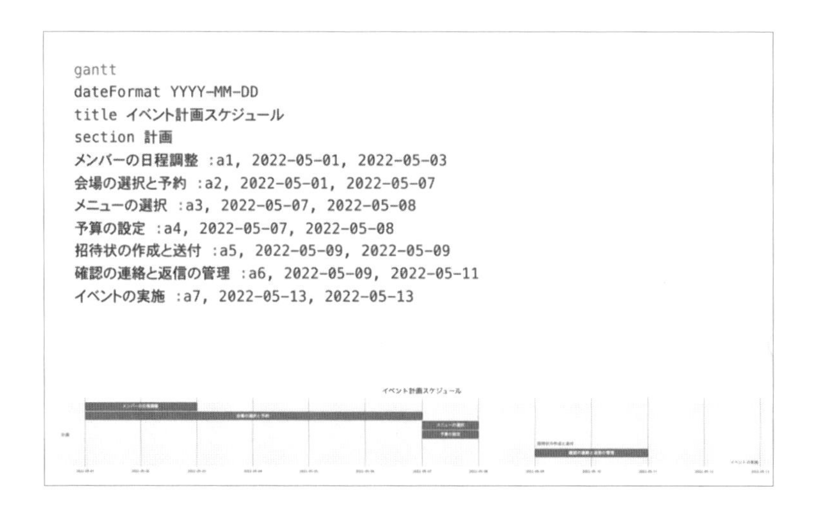

ただ、筆者はこのガントチャートはあまりおすすめしません。というのも、デフォルトではチャートが非常に小さく見えづらいからです。サイズをいじることも一応可能なのですが、少し処理が複雑になります。そのため、ほとんどの人にはガントチャートを作りたい場合、データベースで生成することをおすすめします。

データベースでガントチャートを作る

データベースのビュー「タイムライン」を利用すればガントチャートを簡単に作れます。[/]→[タイムラインビュー]を選択します。

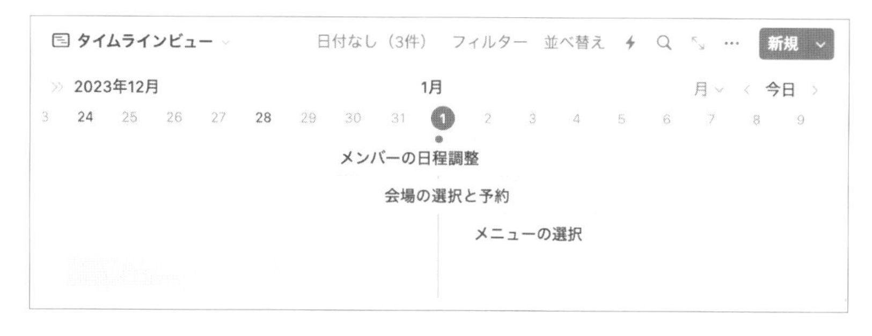

あとは、カレンダー上の好きなところにタスクを配置していけば完成です。

テーブルビューに切り替えて編集することも可能です。

ポイント

- Mermaid記法でガントチャートを作る
- Notionではガントチャートはデータベースで作るほうがおすすめ

7-4 › シーケンス図を作る

仕様書を作る

Mermaid記法を使えば、シーケンス図を生成することができます。

シーケンス図とは、ソフトウェア開発においてプログラムの操作の順序や全体的な構造を描くために使用されるツールです。

シーケンス図には記法に関してさまざまなルールがあります。紹介するのは難しいためここでは簡易的に表記しますが、正式な書き方をしたい人は別途調べてみてください。

まずは、シーケンス図で表したい事象の流れを表記します。1行目に対象のもの、2行目に動きを書くとわかりやすいです。[AIに依頼] でシーケンス図に直します。

Prompt　Mermaid 記法でシーケンス図にして

- 主催者→出店者
  - フォーム、契約書を送信
- 出店者→主催者
  - フォームを返信、契約書押印
- 主催者→出店者
  - Webページを公開
- 利用者→出店者
  - 好きな商品ページを視聴
- 利用者→主催者
  - 商品券を購入
- 主催者→利用者
  - 当日に商品券を配布
- 利用者→出店者
  - 商品券で商品を購入

Mermaid記法でシーケンス図にして

1行目に書いた3つの対象のものを基準に、シーケンス図ができ上がります。

```
sequenceDiagram
    participant 主催者
    participant 出店者
    participant 利用者

    主催者->>出店者: フォーム、契約書を送信
    出店者->>主催者: フォームを返信、契約書押印
    主催者->>出店者: Webページを公開

    利用者->>出店者: 好きな商品ページを視聴
    利用者->>主催者: 商品券を購入
    主催者->>利用者: 当日に商品券を配布
    利用者->>出店者: 商品券で商品を購入
```

主催者 出店者 利用者
フォーム、契約書を送信
フォームを返信、契約書押印
Webページを公開
好きな商品ページを視聴
商品券を購入
当日に商品券を配布
商品券で商品を購入
主催者 出店者 利用者

社内のマニュアルに都度このシーケンス図を挿入しておくと、見た人が直感的に理解できます。

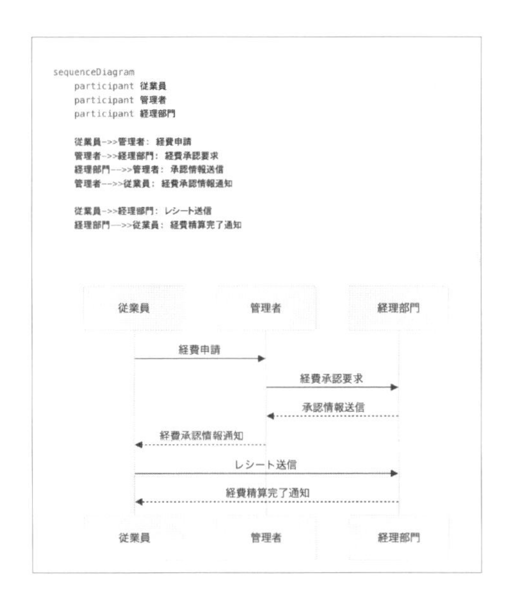

例えば、経費精算の流れなどを記載するのもおすすめです。

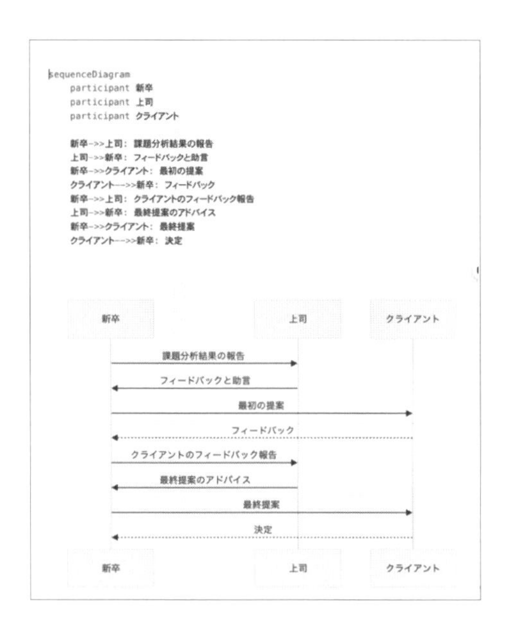

効率的な仕事の進め方などを示すのも有効です。

このシーケンス図で表す方式は筆者がNotion AIを企業に研修する際に必ず紹介する事例のひとつです。

ポイント

- シーケンス図を使って業務手順を表す
- シーケンス図の記法ルールに興味がある人は詳しく調べる
- 経費精算や効率的な仕事の進め方などをシーケンス図で表す

7-5 › 円グラフを生成する

数字を円グラフに変える

Notionでは、Excelのように簡単にグラフを生成することはできません。ですが、Mermaid記法を用いることで円グラフを表示させることは可能です。

まずは、Notion上に円グラフにしたい数字を入れましょう。

- 12月のウェブサイトへの検索流入
  - 合計1300
    - 内科：714
    - 消化器内科：200
    - 消化器内科　浜松：171
    - 残りはその他

ここでは、Webサイトに流入したキーワードをまとめてもらいます。合計数と、流入に至った経路を雑に書いて、AIに直してもらいます。

- 12月のウェブサイトへの検索流入
  - 合計1300
    - 内科：714
    - 消化器内科：200
    - 消化器内科　浜松：171
    - 残りはその他

Mermaid記法で円グラフにして

Prompt　Mermaid 記法で円グラフにして

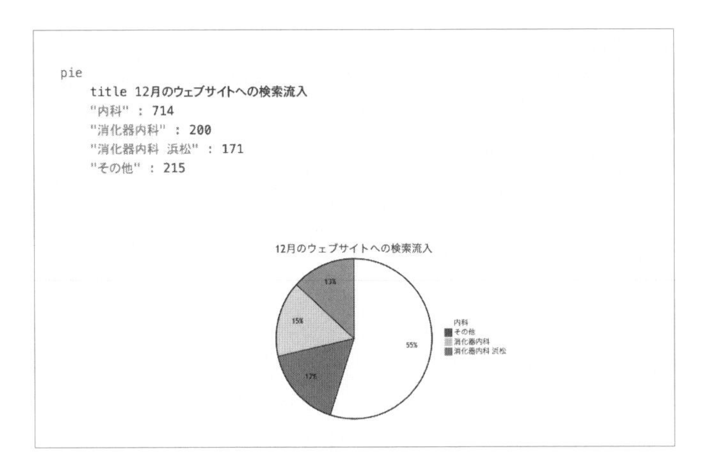

円グラフに直してくれました。

不向きな例

次の円グラフですが、データが多くみづらくなってしまっています。データが増えてくると、円グラフのどの部分がどこの項目を指しているかがわかりづらくなるので、こういった場合はNotion AIで図式にするのは向いていません。

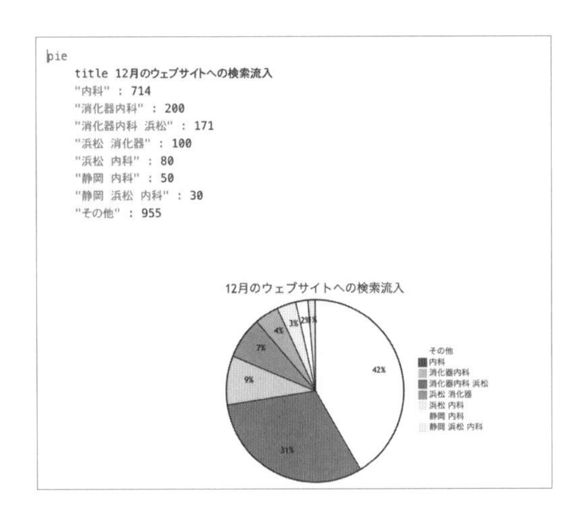

なお、Mermaid記法では、円グラフ以外の、棒グラフや折れ線グラフなどを生成することはできません。その場合もExcelなど別の表計算ソフトの力を借りる必要があります。なお元データをNotion上でデータベースやシンプルテーブルなどで管理しておけば、それをそのままコピーするだけで、簡単にExcelに貼り付けることが可能です。そうすればグラフにするのも容易でしょう。無理してNotionとNotion AIだけで全てのデータを管理しようとするのではなく、適切な場面ごとに使い分けることが重要です。

NotionとExcel、それぞれのツールの特徴を捉えたうえで使い分けを行いましょう。

ポイント

- Mermaid記法で円グラフを生成する
- 情報量が多い場合、別のグラフの場合はNotion以外を用る

COLUMN

その他のグラフ

他にも、顧客体験を表すカスタマージャーニーなどのグラフもMermaid記法で表せます。ですが、執筆時点ではNotion AIではこれらの記述がうまくいきませんでした。ここでは、完成品だけ示しておきます。

ここでは、顧客体験の満足度をグラフで示しています。今後、アップデートでNotion AIで記法することのできるグラフの数は増えていくでしょう。カスタマージャーニーの他には、プロジェクトの進行状況などを示すバーンダウンチャート等も、Mermaid記法で書くことができます(Notion AIでは記法できませんでした)。

>Chapter

8

その他の使い方

8-1 Q&A機能でNotion内の検索をする

Notionに質問する

Notionには、Q&A機能というものがあります。これを用いて、Notionに書かれていることを簡単に検索することができます。Notionの標準の検索機能とは、性質が異なります。Notionの検索機能では「みずほ銀行パスワード」「田中様 議事録」のように、検索キーワードと本文が一致している必要があります。

ですが、Q&A機能では、実際に人に聞くように質問することが可能です。例えば「今日のタスクは何？」と聞くと、日付が今日で設定されていたり、今日更新されたタスクなどが表示されます。

Notion AIのQ&A機能は、画面一番右下に常に表示されるキラキラマークから呼び出せます。

Prompt　今日のタスクを教えて

AIに質問する Q&A ベータ版 クリア ••• ×

今日 8:23 AM

今日のタスクを教えて

今日のタスクは以下の通りです：

フィードバックを作り、完了させる。税理士に書類を渡す。NotionAIのQ&A部分を作る。案件を作る。神谷さんの動画を作る。日曜日にAIを100個生成して配信する❶。

また、寿司屋の経営者会のための20分の勉強会を作る。1/27のAInnoWaveのMTGに出る。1/29にセミナー研修の準備をする。AI研修をブラッシュアップする❷。

5ページが見つかりました

これは、検索機能では絶対にできないことです。

また他にも、チームで作業している場合だったら「〜に関する開発状況を教えて」などの質問もすることが可能です。個人でも十分便利ですが、複数人でNotionを管理しており、自分が追えていないページがあるときなどに役に立ちます。

Wikiとして利用する

開発状況などを尋ねる他、Notionにためた知識を簡単に呼び出すことが可能です。例えば、筆者は読んだ本の記録を全てNotionにまとめています。

ここには、自分が読んで良かったハイライトなどを載せています。営業に関する本をよく読むので、試しにQ&Aで聞いてみます

Prompt　営業のコツを教えて

AIに質問する　Q&A ベータ版　クリア

今日 11:57 AM

営業のコツを教えて

営業のコツとしては次のような点が挙げられます。まず、「コンテンツ力」が重要で、商品の価値から話をするのではなく、顧客にとっての価値を聞き出し、その手段として商品を提案します 1。営業は情報加工業であり、準備した情報をうまく相手に伝えることが大切です 1。また、営業は一人で成り立つものではなく、多くの部署の協力が必要となります 1。信頼を得る前にまず信用を得ることも重要とされています 1。

さらに、商談を分析し、質問を通じて商談を把握すること、4つの力（価値訴求力、提案ロジック構築力、提案行動力、質問力）を使って商談に勝つことが大切です 3。また、顧客の意思決定プロセスを理解し、その中で価値を訴求することも重要とされています 4。

なお、営業の一連の業務としては、市場調査、顧客リストの作成、メールや電話でのアプローチ、ミーティングの設定、提案の作成、ネゴシエーション、契約の締結、アフターサービス、レポートの作成などがあります 6。

6ページが見つかりました

Sales is

積極的傾聴」を意識しましょう。　積...

無敗営業

すると、コツを教えてくれました。ここの良いところは、複数のページからポイントを抽出して回答してくれることです。本をよく読む管理職の方とかは、部下もアクセスできるワークスペース上に読書ログを配置しておくことで、部下が簡単にNotionに質問することができます。

ポイント

- Q&A機能でタスクや開発状況について知ろう
- 読書ログなどをためて、知識をいつでも呼び出せるようにしよう

8-2 ページを丸ごと日本語にする

記事を保存して英語にする

Notionで記事を保存する方法は何度かお伝えしましたが、ここでは日本語ではないWebページを日本語にする方法を紹介します。

筆者はAI関係の講演会などで、海外のニュース記事をその場で見せて解説する場合などがあります。その際、サイトを日本語に直す必要があります。Google翻訳は精度が悪くあまり使えません。DeepLというサービスのChrome拡張機能を使ったWebページ丸ごと翻訳は普段の情報収集では最も使いますが、勝手にログアウトされてしまうことがあったりします。講演会など、大事な場面で使うときは事前に翻訳しておくことが重要です。

まずは、前述の通りSave to Notionを用いて記事を保存します。

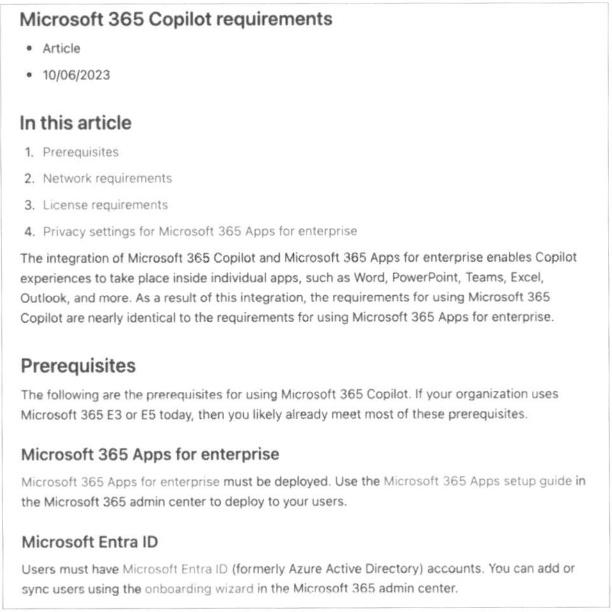

Microsoft 365 Copilot requirements

- Article
- 10/06/2023

In this article

1. Prerequisites
2. Network requirements
3. License requirements
4. Privacy settings for Microsoft 365 Apps for enterprise

The integration of Microsoft 365 Copilot and Microsoft 365 Apps for enterprise enables Copilot experiences to take place inside individual apps, such as Word, PowerPoint, Teams, Excel, Outlook, and more. As a result of this integration, the requirements for using Microsoft 365 Copilot are nearly identical to the requirements for using Microsoft 365 Apps for enterprise.

Prerequisites

The following are the prerequisites for using Microsoft 365 Copilot. If your organization uses Microsoft 365 E3 or E5 today, then you likely already meet most of these prerequisites.

Microsoft 365 Apps for enterprise

Microsoft 365 Apps for enterprise must be deployed. Use the Microsoft 365 Apps setup guide in the Microsoft 365 admin center to deploy to your users.

Microsoft Entra ID

Users must have Microsoft Entra ID (formerly Azure Active Directory) accounts. You can add or sync users using the onboarding wizard in the Microsoft 365 admin center.

これを、全て日本語に直します。やり方は簡単で、[AIに依頼] から英語に直してと伝えるだけです。

Prompt　本文を全て日本語に直して

Microsoft 365 Copilotの要件

- 記事
- 10/06/2023

この記事で

1. 前提条件
2. ネットワーク要件
3. ライセンス要件
4. Microsoft 365 Apps for Enterpriseのプライバシー設定

Microsoft 365 CopilotとMicrosoft 365 Apps for Enterpriseの統合により、Word、PowerPoint、Teams、Excel、Outlookなどの個々のアプリ内でCopilotエクスペリエンスが実現されます。この統合により、Microsoft 365 Copilotを使用するための要件は、ほぼMicrosoft 365 Apps for Enterpriseを使用するための要件と同じです。

前提条件

Microsoft 365 Copilotを使用するための前提条件は次のとおりです。組織が現在Microsoft 365 E3またはE5を使用している場合、ほとんどの前提条件をすでに満たしている可能性があります。

Microsoft 365 Apps for Enterprise

Microsoft 365 Apps for Enterpriseを展開する必要があります。ユーザーに展開するために、Microsoft 365管理センターのMicrosoft 365 Appsのセットアップガイドを使用します。

Microsoft Entra ID

ユーザーはMicrosoft Entra ID（以前のAzure Active Directory）アカウントを持っている必要があります。Microsoft 365管理センターのオンボーディングウィザードを使用して、ユーザーを追加または同期できます。

これで文章が全て日本語で出力されました。

もちろん、文章全体を選択してから［翻訳する］で言語を変更することも可能です。こちらの場合は直したい文章を選択しないとこの画面が表示されないことに注意してください。

このように、人に見せるためでなくとも、日本語以外の全情報をNotionに入れていき、片っ端から日本語にしていくことでいつでも見返せるようになります。

ポイント

- Save to Notionで記事を保存し、日本語に直す
- 翻訳方法は、プロンプトで入力する方法と［翻訳する］の２種類

8-3 › 音声入力をきれいにする

音声入力とAIを組み合わせる

音声入力をすることで、手を使わずに入力できたり、効率的に文章を生成することができます。一方で、すらすらと喋るのは難しく、また出力されたテキストには無駄が多くなってしまいます。

そこで、Notion AIを用いると音声で雑に入力した文章をきれいに直すことが可能です。まずは音声入力をします。Macの場合は［F5］で音声入力します。

今日の予定はまずNotion AIの本を書き書くで、その後にジムに行きたいのさ。家の本書いたらすぐにジムに行くでちょっとでもいいから体動かした後に探するの動画を作る。さがするの動画を作って申請までしてから営業資料を作る。

そのあと、［AIに依頼］より、［アクションアイテムを抽出する］を呼び出します。

これにより、適当な音声入力からToDoリストを抽出することができます。

今日の予定はまずNotion AIの本を書き書くで、その後にジムに行きたいのさ。家の本書いたらすぐにジムに行くでちょっとでもいいから体動かした後に探するの動画を作る。さがするの動画を作って申請までしてから営業資料を作る。

- [ ] Notion AIの本を書く
- [ ] ジムに行く
- [ ] さがするの動画を作る
- [ ] 動画を申請する
- [ ] 営業資料を作る

アクションアイテムではなく、普通の文章を改善したい場合は［AIに依頼］から［文章を改善する］を選択しましょう。

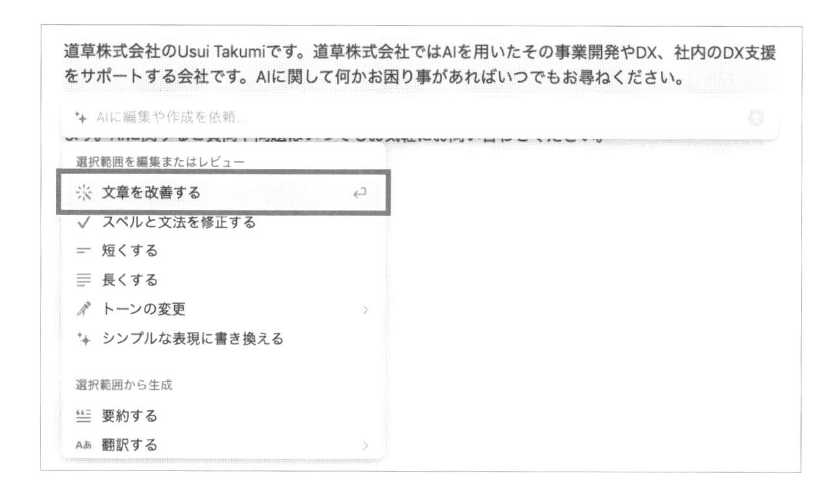

☑ ポイント

- ☑ 音声を用いて効率的、気軽に入力する
- ☑ Notion AIで音声入力からToDOリストを生成する

8-4 > 生徒データを入力し、評価をつける

Notion AIを、先生の業務で利用する方法を紹介します。先生の業務で大変なことのひとつに学期末の査定があると思います。その生徒がどんなことを学期の間にしたかを、丁寧に書かなければなりません。印象に残る生徒はよくても、そうじゃない生徒などを30人分書くのは骨が折れる作業です。そこで、Notionを使いましょう。

まず、データベースを作成します。そこに、全生徒の名前を入れます。表はシンプルなもので構いません。好みで、タグで「学級委員」「サッカー部」など属性をつけるのもおすすめです。

次に、普段の生活の中で生徒が何かをしたら、それをデータベースに書き留めていきましょう。

そして、学期末になり評価を書く際にNotion AIを使いましょう。プロパティを追加し、AIカスタム自動入力を追加します。

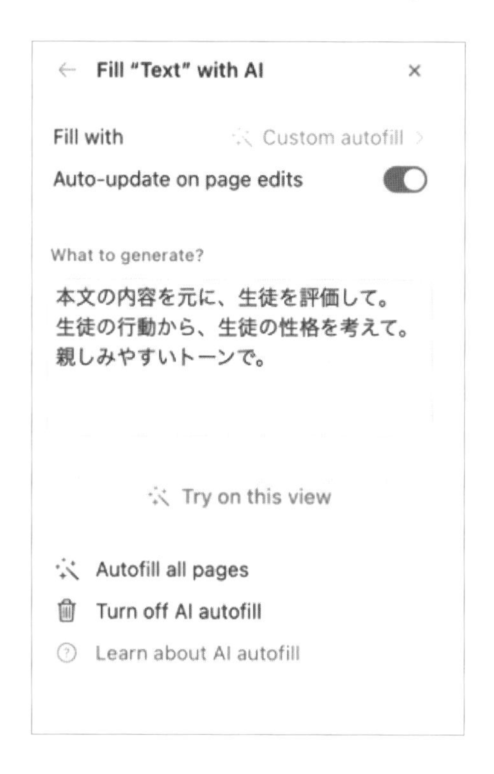

Prompt

本文の内容を元に、生徒を評価して。生徒の行動から、生徒の性格を考えて。親しみやすいトーンで

これにより、その学期で生徒が行った行動に基づいた生徒の評価を生成することが可能です。そのまま入力することは控えるにしても、下書きとしてはかなりのクオリティのものが生成されます。

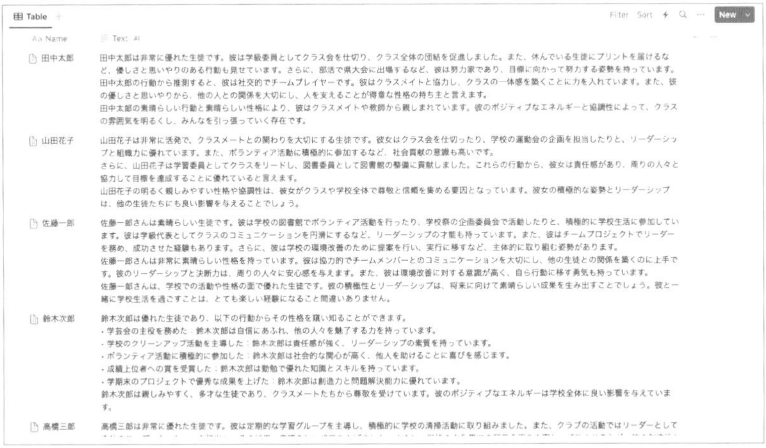

Table　Filter　Sort　New

Aa Name	Text AI
田中太郎	田中太郎は非常に優れた生徒です。彼は学級委員としてクラス会を仕切り、クラス全体の団結を促進しました。また、休んでいる生徒にプリントを届けるなど、優しさと思いやりのある行動も見せています。さらに、部活で県大会に出場するなど、彼は努力家であり、目標に向かって努力する姿勢を持っています。 田中太郎の行動から推測すると、彼は社交的でチームプレイヤーです。彼はクラスメイトと協力し、クラスの一体感を築くことに力を入れています。また、彼の優しさと思いやりから、他の人との関係を大切にし、人を支えることが得意な性格の持ち主と言えます。 田中太郎の素晴らしい行動と素晴らしい性格により、彼はクラスメイトや教師から親しまれています。彼のポジティブなエネルギーと協調性によって、クラスの雰囲気を明るくし、みんなを引っ張っていく存在です。
山田花子	山田花子は非常に活発で、クラスメートとの関わりを大切にする生徒です。彼女はクラス会を仕切ったり、学校の運動会の企画を担当したりと、リーダーシップと組織力に優れています。また、ボランティア活動に積極的に参加するなど、社会貢献の意識も高いです。 さらに、山田花子は学習委員としてクラスをリードし、図書委員として図書館の整備に貢献しました。これらの行動から、彼女は責任感があり、周りの人々と協力して目標を達成することに優れていると言えます。 山田花子の明るく親しみやすい性格や協調性は、彼女がクラスや学校全体で尊敬と信頼を集める要因となっています。彼女の積極的な姿勢とリーダーシップは、他の生徒たちにも良い影響を与えることでしょう。
佐藤一郎	佐藤一郎さんは素晴らしい生徒です。彼は学校の図書館でボランティア活動を行ったり、学校祭の企画委員会で活動したりと、積極的に学校生活に参加しています。彼は学級代表としてクラスのコミュニケーションを円滑にするなど、リーダーシップの才能も持っています。また、彼はチームプロジェクトでリーダーを務め、成功させた経験もあります。さらに、彼は学校の環境改善のために提案を行い、実行に移すなど、主体的に取り組む姿勢があります。 佐藤一郎さんは非常に素晴らしい性格を持っています。彼は協力的でチームメンバーとのコミュニケーションを大切にし、他の生徒との関係を築くのに上手です。彼のリーダーシップと決断力は、周りの人々に安心感を与えます。また、彼は環境改善に対する意識が高く、自ら行動に移す勇気も持っています。 佐藤一郎さんは、学校での活動や性格の面で優れた生徒です。彼の積極性とリーダーシップは、将来に向けて素晴らしい成果を生み出すことでしょう。彼と一緒に学校生活を過ごすことは、とても楽しい経験になること間違いありません。
鈴木次郎	鈴木次郎は優れた生徒であり、以下の行動からその性格を窺い知ることができます。 ・学芸会の主役を務めた：鈴木次郎は自信にあふれ、他の人々を魅了する力を持っています。 ・学校のクリーンアップ活動を主導した：鈴木次郎は責任感が強く、リーダーシップの素質を持っています。 ・ボランティア活動に積極的に参加した：鈴木次郎は社会的な関心が高く、他人を助けることに喜びを感じます。 ・成績上位者への賞を受賞した：鈴木次郎は勤勉で優れた知識とスキルを持っています。 ・学期末のプロジェクトで優秀な成果を上げた：鈴木次郎は創造力と問題解決能力に優れています。 鈴木次郎は親しみやすく、多才な生徒であり、クラスメートたちから尊敬を受けています。彼のポジティブなエネルギーは学校全体に良い影響を与えています。
高橋三郎	高橋三郎は非常に優れた生徒です。彼は定期的な学習グループを主導し、積極的に学校の清掃活動に取り組みました。また、クラブの活動ではリーダーとして

✓ ポイント

- ✓ 生徒の行動をNotionに記録する
- ✓ 行動をもとにした評価をNotion AIで生成する

8-5 ＞ 不動産物件の見出しの生成

続いては、物件の情報から、その物件の紹介文を作る方法についてです。物件の紹介文は、大量に生成する必要があり、情報の正確性がさほど問われないという点でAIとの相性が良いです。

まずは物件情報を入力しましょう。

かなり雑に、メモ程度で構いません。

次に、[/] でブロックを選択し、[カスタムAIブロック] を設置しましょう。

≡ Prompt

不動産物件の掲載内容を作成し、ターゲットに有益な点を強調してください。文章は魅力的で簡潔にして、1000文字以内にまとめてください。

これで、紹介文章が生成されます。

紹介文章

この美しい2部屋と広いキッチン付きの物件は、都内の便利な立地、目黒区に位置しています。植物園や美術館がすぐそばにあり、リラクゼーションや文化活動に最適です。また、恵比寿ガーデンプレイスへのアクセスも抜群で、ショッピングやダイニングに便利です。この物件は、都会的で洗練されたライフスタイルを追求するカップルにぴったりです。都心での生活をフルに楽しむことができ、それでいて静かで落ち着いた住環境も提供します。この物件で、素敵な暮らしを始めてみませんか？

これで、簡単に紹介文章を生成することができました。

一回だけの生成で良い場合は、［AIに依頼］で同じプロンプトを書いても問題ないですが、繰り返し発生する場合は、データベースのテンプレートに入れた上で、［カスタムAIブロック］を用いたほうが効率的です。

ポイント

- 不動産の物件情報をAIに書かせる
- 繰り返しがあるかどうかでAIの形式を使い分ける

8-6 求人票を生成する

採用ページをNotionで作る

最近、HPは別で作って、求人ページのみをNotionで作る事例が増えています。というのも、HPは基本エンジニアとデザイナーに任せるため、非開発職は頻繁に触れません。しかし、求人は日々内容が変わり更新が必要です。そこで、HPの求人ページだけをNotionに遷移させるという事例が増えています。

採用ページには、自社のミッション・ビジョン・バリューや、求める人物像、給与形態など、さまざまな情報が必要ですが、Notionで作ることで簡単に入れることができます。

NotionはSEO対策が強くないので通常のブログには不向きですが、採用のためだけの社員ブログなどは一切問題ありません。

Michikusa株式会社 採用ページ

- Michikusa株式会社について
- MVV
- 採用要項
- 社員ブログ

募集要項をNotion AIで作る

求人において必要な、職務記述書（ジョブディスクリプション）をNotion AIで作りましょう。職務記述書を書く際に困ることとして、特に小さな会社では「エンジニアを採用したいけど、どういうスキルが必要なのか全くわからない」という場合があると思います。そういったときにNotion AIが役に立ちます。

Prompt

フロントエンジニアを採用するためのジョブディスクリプションを書いて

採用要項

フロントエンドエンジニアを採用するためのジョブディスクリプション書いて

これで、一定の下書きが完成しました。

フロントエンドエンジニア

職務内容

- WebサイトやWebアプリケーションのユーザーインターフェースの開発
- デザイナーやバックエンドエンジニアと連携して、優れたユーザーエクスペリエンスを提供
- パフォーマンスの最適化とバグの修正
- 新しい技術の研究と導入

必要なスキル

- HTML、CSS、JavaScriptの知識
- React.js、Vue.js、Angularなどのフレームワークの経験
- レスポンシブデザインとモバイルファーストの設計原則に精通
- バージョン管理システム（Gitなど）の経験

望ましいスキル

- UI/UXデザインの理解
- Webパフォーマンス最適化の経験
- テスト駆動開発（TDD）の経験

あとは、これをもとに細かい部分などを修正していきましょう。

他には、業務内容が決まっている場合、それもプロンプトで指定しましょう。

Prompt　Shopify 運用担当のジョブディスクリプション書いて

Shopify運用担当者

役割概要

Shopify構築担当者として、当社のオンラインストアの設計、構築、および最適化を担当します。このポジションは、ユーザーエクスペリエンスの改善、ウェブサイトのパフォーマンスの向上、および売上の増大に直接貢献します。

主な業務

- Shopifyストアの設計と構築
- UI/UXの改善
- 売上を最大化するための戦略的な推奨事項の提供
- マーケティングキャンペーンと統合の管理

必要なスキル

- Shopifyの経験（2年以上）
- HTML、CSS、JavaScriptの知識
- ユーザーエクスペリエンスとインターフェースデザインについての深い理解
- 優れた問題解決能力とプロジェクト管理スキル

EC構築ツール「Shopify」の業務と指定した場合でも、細かい説明を書いてくれました。

ポイント

- Notionで採用ページを作る
- Notion AIでジョブディスクリプションを生成する

8-7 > 機能名を考える

新機能の名称をつけてもらう

自社でプロダクト開発などを行っている会社で、新機能を実装することになったとします。その際、ほとんどの場合において機能が決まってから機能名をつけると思います。そこでNotion AIの出番です。Notion上で書いた機能を読み込ませて、そこから機能名を考えてもらいましょう。

まずは、Notion上で機能を書きます。長くてもいいので、既に書いてある機能を直接利用しましょう。この際、わざわざNotion AI用に書き直すのであれば、Notion AI最大の魅力であるNotion上で動くという魅力が失われ、ChatGPTとの差異があまりなくなってしまいます。Notion AIは長い文章を読み取ることができるので、雑に貼りつけてしまいましょう。

新機能の要件定義:

1. ユーザーはクリック操作一つで自分のカレンダーから空き時間を確認できる
2. 確認した空き時間の情報をURL形式で簡単に他人と共有できる
3. URLを受け取った人は、そのURLをクリックするだけでユーザーの空き時間情報を確認できる
4. ユーザーが空き時間情報を共有したくない場合や、一定期間後に共有を無効にする設定を追加する
5. ユーザーは自分のプライバシーを保護するための設定変更が可能

あとは、Notion AIに依頼するだけです。

Prompt　**機能名称を5個考えて**

新機能の要件定義:

1. ユーザーはクリック操作一つで自分のカレンダーから空き時間を確認できる
2. 確認した空き時間の情報をURL形式で簡単に他人と共有できる
3. URLを受け取った人は、そのURLをクリックするだけでユーザーの空き時間情報を確認できる
4. ユーザーが空き時間情報を共有したくない場合や、一定期間後に共有を無効にする設定を追加する
5. ユーザーは自分のプライバシーを保護するための設定変更が可能

機能名称を5個考えて 

これで、名称を考えてくれます。

新機能の要件定義:

1. ユーザーはクリック操作一つで自分のカレンダーから空き時間を確認できる
2. 確認した空き時間の情報をURL形式で簡単に他人と共有できる
3. URLを受け取った人は、そのURLをクリックするだけでユーザーの空き時間情報を確認できる
4. ユーザーが空き時間情報を共有したくない場合や、一定期間後に共有を無効にする設定を追加する
5. ユーザーは自分のプライバシーを保護するための設定変更が可能

- イージーカレンダーチェック
- シェアマイタイム
- クリックアンドシー
- プライバシーガード
- タイムリンク

好みに合わなければプロンプトを変更しましょう。

≡ Prompt

機能が一目でわかりやすい、カタカナが少なめの日本語の機能名を、要件定義から考えて

新機能の要件定義:

- ユーザーはクリック操作一つで自分のカレンダーから空き時間を確認できる
- 確認した空き時間の情報をURL形式で簡単に他人と共有できる
- URLを受け取った人は、そのURLをクリックするだけでユーザーの空き時間情報を確認できる
- ユーザーが空き時間情報を共有したくない場合や、一定期間後に共有を無効にする設定を追加する
- ユーザーは自分のプライバシーを保護するための設定変更が可能

機能が一目でわかりやすい、カタカナが少なめの日本語の機能名を、要件定義から考えて

この書き方にすると、出力の雰囲気が変わります。

「空き時間共有設定」と、いい感じの名前を出してくれました。

Notion AIの魅力は、何度もお伝えしている通りNotion上の情報をもとに回答を作ってくれることなので、こういった複数の機能をもとに名称を考える、ということはNotion AIの大本命の使い方です。ぜひ積極的に試してみてください。

ポイント

- Notion AIで機能名を作成する
- Notion上で書かれたメモをなるべくそのままNotion AIに読み込ませる

8-8 ブログを作る

ブログ記事を生成する

Notionのページは外部公開することが可能です。そこで、ブログ記事をNotionで書いてみましょう。まずは、前述のやり方でブログの記事タイトルを生成します。

Prompt

「主婦」「節約」「レシピ」をテーマにした、SEO対策済みのブログタイトルを10個出してください。具体的に、長めに書いてください。

ブログタイトルを生成する

1. 「節約主婦のキッチン」：毎日の献立を工夫して、家計を守る
2. 「主婦のための経済的レシピ」：高品質な食材で手頃な価格を実現
3. 「節約術と美味しいレシピ」：主婦が日々の生活で使えるコツ
4. 「主婦必見！節約レシピ」：高コストの食材を使わないヘルシーメニュー
5. 「お財布に優しい主婦のレシピ」：節約しながらも主婦が楽しむ料理法
6. 「節約生活を楽しむ主婦のレシピ」：節約と楽しみを両立する方法
7. 「主婦のための節約料理ガイド」：一人一人に合わせた節約レシピ
8. 「主婦の知恵袋」：お金を節約しながら美味しい食事を準備
9. 「家計を守る節約レシピ」：主婦が毎日の料理でお金を節約する方法
10. 「主婦の節約レシピの秘密」：美味しく健康的な食事を家庭で作る

でき上がった記事を、データベースにします。

Prompt **表形式にして**

ブログタイトルを生成する

1. 「節約主婦のキッチン」：毎日の献立を工夫して、家計を守る
2. 「主婦のための経済的レシピ」：高品質な食材で手頃な価格を実現
3. 「節約術と美味しいレシピ」：主婦が日々の生活で使えるコツ
4. 「主婦必見！節約レシピ」：高コストの食材を使わないヘルシーメニュー
5. 「お財布に優しい主婦のレシピ」：節約しながらも主婦が楽しむ料理法
6. 「節約生活を楽しむ主婦のレシピ」：節約と楽しみを両立する方法
7. 「主婦のための節約料理ガイド」：一人一人に合わせた節約レシピ
8. 「主婦の知恵袋」：お金を節約しながら美味しい食事を準備
9. 「家計を守る節約レシピ」：主婦が毎日の料理でお金を節約する方法
10. 「主婦の節約レシピの秘密」：美味しく健康的な食事を家庭で作る

表形式にして。

これで表形式にしたあとに、シンプルテーブルに変更します。

No.	ブログタイトルと説明
1	「節約主婦のキッチン」：毎日の献立を工夫して、家計を守る
2	「主婦のための経済的レシピ」：高品質な食材で手頃な価格を実現
3	「節約術と美味しいレシピ」：主婦が日々の生活で使えるコツ
4	「主婦必見！節約レシピ」：高コストの食材を使わないヘルシーメニュー
5	「お財布に優しい主婦のレシピ」：節約しながらも主婦が楽しむ料理法
6	「節約生活を楽しむ主婦のレシピ」：節約と楽しみを両立する方法
7	「主婦のための節約料理ガイド」：一人一人に合わせた節約レシピ
8	「主婦の知恵袋」：お金を節約しながら美味しい食事を準備
9	「家計を守る節約レシピ」：主婦が毎日の料理でお金を節約する方法
10	「主婦の節約レシピの秘密」：美味しく健康的な食事を家庭で作る

その際、一番上の列を見出しとして設定しておきましょう。

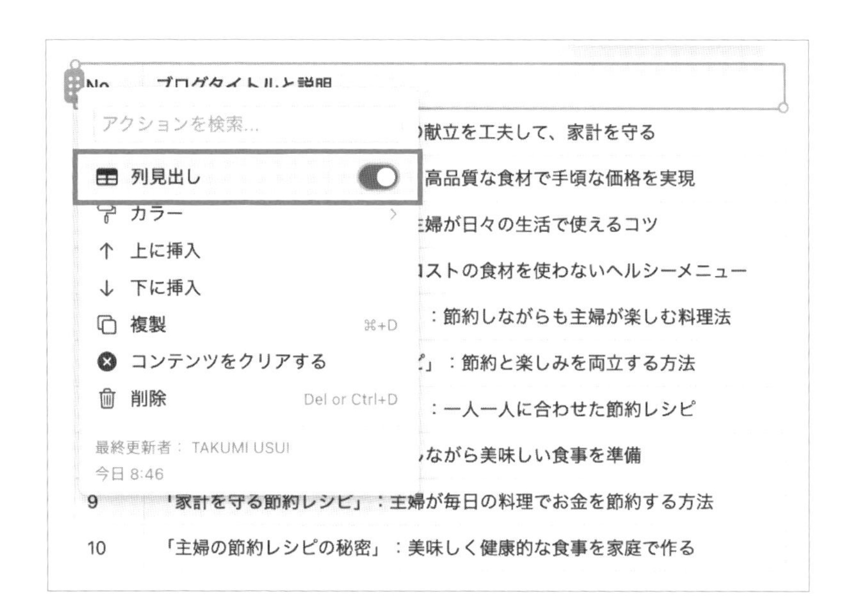

数字の列は削除するか、列の順番を変えましょう。Notionでシンプルテーブルをデータベースに変換する際、一番左側の列が本文タイトルになるため、ここにブログタイトルに入れるためです。

あとはこれをデータベースに変換すれば完了です。

ブログタイトルと説明	No.
「節約主婦のキッチン」：毎日の献立を工夫して、家計を守る	1
「主婦のための経済的レシピ」：高品質な食材で手頃な価格を実現	2
「節約術と美味しいレシピ」：主婦が日々の生活で使えるコツ	3
「主婦必見！節約レシピ」：高コストの食材を使わないヘルシーメニュー	4
「お財布に優しい主婦のレシピ」：節約しながらも主婦が楽しむ料理法	5
「節約生活を楽しむ主婦のレシピ」：節約と楽しみを両立する方法	6
「主婦のための節約料理ガイド」：一人一人に合わせた節約レシピ	7
「主婦の知恵袋」：お金を節約しながら美味しい食事を準備	8
「家計を守る節約レシピ」：主婦が毎日の料理でお金を節約する方法	9
「主婦の節約レシピの秘密」：美味しく健康的な食事を家庭で作る	10

データベースが完成しました。

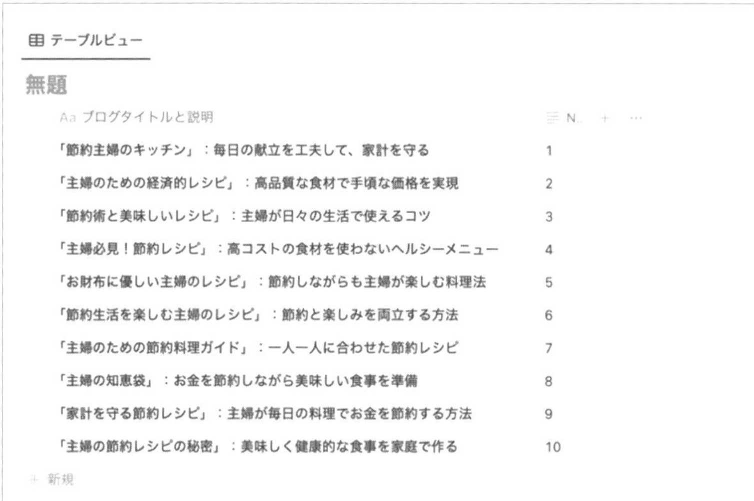

田 テーブルビュー

無題

Aa ブログタイトルと説明	N..
「節約主婦のキッチン」：毎日の献立を工夫して、家計を守る	1
「主婦のための経済的レシピ」：高品質な食材で手頃な価格を実現	2
「節約術と美味しいレシピ」：主婦が日々の生活で使えるコツ	3
「主婦必見！節約レシピ」：高コストの食材を使わないヘルシーメニュー	4
「お財布に優しい主婦のレシピ」：節約しながらも主婦が楽しむ料理法	5
「節約生活を楽しむ主婦のレシピ」：節約と楽しみを両立する方法	6
「主婦のための節約料理ガイド」：一人一人に合わせた節約レシピ	7
「主婦の知恵袋」：お金を節約しながら美味しい食事を準備	8
「家計を守る節約レシピ」：主婦が毎日の料理でお金を節約する方法	9
「主婦の節約レシピの秘密」：美味しく健康的な食事を家庭で作る	10

＋ 新規

実際に中身を入れてみましょう。

Prompt

#前提
プロのWebライターとして振る舞ってください。
#命令
#条件に従って、タイトルをもとにしたブログ記事を生成してください。
#条件
・SEO対策済み
・H2、H3を用いた構造化
・10段落ほどで、長文
・必ず具体例を入れる
・親しみやすいトーン

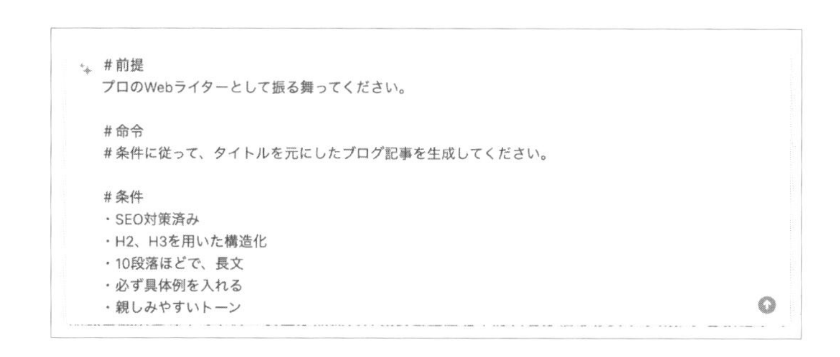

これで記事が完成しました。ただし、完全にAIで書かれたコンテンツはすぐにAIとわかってしまいますし、実際にNotion AIで記事生成してNotionで公開したブログをGoogle検索などで上位表示させることはほぼ不可能です。

はじめに：節約と健康を両立させるキッチン

節約主婦のキッチンでは、お金を節約しながらも健康や美味しさを追求する工夫がたくさん詰まっています。この記事では、その具体的な方法とその効果について探ります。

家計を守るための献立の工夫

まずは、家計を守るための献立の工夫から見ていきましょう。例えば、一週間の献立を事前に決め、まとめ買いをすることで無駄な出費を抑えることができます。

旬の食材を活用する

旬の食材は、手頃な価格で新鮮さを楽しむことができます。例えば、夏にはさっぱりとしたきゅうりやトマト、冬にはほくほくとしたさつまいもを活用しましょう。

栄養バランスを考えた料理

少し専門的な話をするのであれば、NotionをCMSとしてだけ利用したり、Notion AIの記事をもとに人間がSEOを加味した上で書き直すなどの工夫が必要です。その際は、「Wraptas」（https://wraptas.com/）などのNotionをブログに変えるツールの利用を推奨します。

ポイント

- ☑ Notion AIで作ったタイトルをデータベースにする
- ☑ ブログ記事を自動生成する
- ☑ 完全にNotion完結のブログは難しいので工夫する

著者紹介
臼井拓水（usutaku）
ICU在学中、松尾研究所とファンドを共同運営するベンチャーキャピタルPKSHA Capitalにてアソシエイトを経験。卒業後はAmazon JapanにてAccount Managerとして国内の電化製品部門を担当。その後AI受託開発ベンチャー取締役を経て生成AIの法人研修を行うMichikusa株式会社を起業し代表就任。SNS総フォロワー20万人越え。

ブックデザイン　武田厚志（SOUVENIR DESIGN INC.）
DTP　永田理恵（SOUVENIR DESIGN INC.）
イラスト　冨田マリー
編集　関根康浩
協力　円谷雄二

Notion AIハック

仕事と暮らしを劇的にラクにする72の最強アイデア

2024年6月17日 初版第1刷発行
2024年7月25日 初版第2刷発行

著　者　臼井 拓水（usutaku）
発行人　佐々木 幹夫
発行所　株式会社 翔泳社（https://www.shoeisha.co.jp）
印刷・製本　株式会社 広済堂ネクスト

本書へのお問い合わせについては、8ページに記載の内容をお読みください。
造本には細心の注意を払っておりますが、万一、乱丁（ページの順序違い）や落丁（ページの抜け）がございましたら、お取り替えいたします。03-5362-3705 までご連絡ください。

ISBN978-4-7981-8316-9
Printed in Japan